崔玉涛漫画育儿

孩子生病有办法

崔玉涛 著　张少杰 绘

中信出版集团 | 北京

图书在版编目（CIP）数据

崔玉涛漫画育儿. 孩子生病有办法 / 崔玉涛著；张
少杰绘. -- 北京：中信出版社, 2022.5
　　ISBN 978-7-5217-3920-6

　　Ⅰ.①崔… Ⅱ.①崔… ②张… Ⅲ.①婴幼儿 – 哺育
– 基本知识②婴幼儿 – 保健 – 基本知识 Ⅳ.①TS976.31
②R174

　　中国版本图书馆CIP数据核字（2022）第007942号

崔玉涛漫画育儿·孩子生病有办法

著　者：崔玉涛
绘　者：张少杰
出版发行：中信出版集团股份有限公司
　　　　　（北京市朝阳区惠新东街甲 4 号富盛大厦 2 座　邮编　100029）
承 印 者：北京联兴盛业印刷股份有限公司

开　本：787mm×1092mm　1/16
印　张：13
字　数：150千字
版　次：2022 年 5 月第 1 版
印　次：2022 年 5 月第 1 次印刷
书　号：ISBN978-7-5217-3920-6
定　价：59.00 元

崔玉涛养育中心策划团队

内容编辑：刘子君　李淑红　樊桐杰　于永珊

出　品　中信儿童书店
图书策划　小飞马童书
策划编辑　赵媛媛　马晓婧
责任编辑　陈晓丹
营销编辑　张超
美术设计　姜婷
内文排版　北京沐雨轩文化传媒

　　做儿科医生这近40年的时间，让我领悟到了"大医治未病"的真谛，也意识到了健康科普宣教的真正重要性。而在通过各种渠道、各种方式坚持科普的这20余年时间里，我又渐渐明白了一件事情：如果想要"养好孩子"，就得先"育好家长"。

　　而这个"育"，并非只是讲明原理、传授方法，而是要帮助年轻的家长还有家中的长辈们，从心态上真正成为一名父亲、母亲或祖父母、外祖父母。毕竟，孩子天生就是孩子，但家长并非天生就是家长，因此这个刚刚完成社会角色转变的群体，更需要迅速地学习与适应，也更需要我们的帮助。

　　为了能为家长们提供从心态、到知识、再到方法上的全面指导，几年前我和团队共同努力，出版了一本《崔玉涛育儿百科》，图书上市后，承蒙大家厚爱，得到了还不错的反响。

　　有不少读者朋友笑称："这本书可以'镇宅'，有问题时查一查，很实用！"听到这样的评价，我们一方面感谢大家的肯定，另一方面也体会到了这本书给读者带来的"压力"。毕竟这是一本600多页的大部头，这样的厚重固然能给读者带来安心，但也确实掠走了一部分阅读的乐趣。

就算是为了与《崔玉涛育儿百科》形成互补吧，我和团队伙伴以及出版社的同人们，又共同策划了这套《崔玉涛漫画育儿》，希望能用漫画结合知识的形式，为大家提供更轻松的阅读体验。

我们结合读者的反馈以及近几年临床的经验，选择了近300个被家长们高频关注的知识点，以科学喂养、日常养育、健康护理三个维度进行分类，形成三本分册。

这本健康护理分册，包括皮肤、口腔、眼睛、耳鼻喉、消化道、呼吸道、骨骼、免疫力等多个主题，每个主题下详细讲述了多种疾病或症状，既有知识的阐释，也有预防、护理和治疗上的介绍。

我们希望每个孩子都能健康成长、远离不适和疾病，但从客观角度，我们还是希望家长能够防患于未然。充分了解常见症状和疾病的应对方法，在万一有需要的时候，能够不慌乱、能够给宝宝恰当的护理。

真诚希望宝宝健康成长，希望这本书里的内容作为家长的您都能有所了解，但不要用到。

第一部分
皮肤

新生宝宝出黄疸了，怎么办？

新生儿脱皮了，正常吗？

宝宝淹脖子了，怎么护理？

宝宝出现尿布疹，怎么护理？

宝宝得了荨麻疹，怎么办？

宝宝长痱子了，怎么护理？

宝宝得湿疹了，怎么办？

湿疹护理的 5 个误区，你了解吗？

宝宝出现口水疹，怎么办？

添加辅食后，宝宝的皮肤为什么会发黄？

麻疹、风疹、猩红热，到底怎么回事？

如何应对幼儿急疹？

宝宝得了水痘，怎么办？

手足口病怎么预防和治疗？

第二部分
口腔

鹅口疮应该如何护理？

宝宝舌系带过短，怎么办？

奶瓶龋齿是怎么一回事？

宝宝迟迟不出牙，与缺钙有关系吗？

疱疹性咽峡炎应该怎么护理？

第三部分
眼睛

宝宝眼睛分泌物多，正常吗？

宝宝双眼运动不协调，怎么办？

宝宝眼睛长了麦粒肿，怎么处理？

宝宝得了结膜炎，怎么办？

第四部分
耳鼻喉

宝宝嗓子里好像总有痰，怎么回事？ 64

宝宝得了中耳炎，怎么办？ 66

宝宝得了鼻窦炎，怎么办？ 68

宝宝流鼻涕、鼻塞，怎么处理？ 70

如何用生理盐水冲洗鼻腔？ 73

宝宝得了急性喉炎，怎么办？ 75

第六部分
呼吸道

宝宝咳嗽了，怎么办？ 100

宝宝出现哮喘，怎么办？ 102

宝宝得了支气管炎该如何护理？ 105

宝宝得了肺炎，可怎么办？ 107

感冒该如何治疗？ 110

第五部分
消化道

宝宝便秘怎么办？ 78

宝宝腹泻怎么办？ 80

胃食管反流是怎么一回事？ 85

宝宝出现便血，这可怎么办？ 87

宝宝吐了，怎么办？ 89

宝宝拉了灰白色大便，是胆道闭锁吗？ 92

宝宝肠绞痛怎么护理？ 95

第七部分
骨骼系统常见问题

宝宝 O 形腿怎么治疗？ 114

宝宝 X 形腿怎么治疗？ 116

髋关节发育不良，这可怎么办？ 118

没有足弓会影响宝宝站立吗？ 120

髋关节一过性滑膜炎是怎么回事？ 122

第八部分
免疫力

免疫力到底是什么？ 126
消毒剂不能随便用，为什么？ 129
如何正确使用抗生素？ 131
接种疫苗有什么作用？ 133
接种疫苗需要注意哪些事项？ 135
一类疫苗和二类疫苗的区别是什么？ 138
乙肝疫苗你了解吗？ 140
卡介苗到底是什么？ 142
进口疫苗好，还是国产疫苗好？ 145
联合疫苗好，还是单独疫苗好？ 146

第九部分
早产宝宝常见问题

早产宝宝的心脏可能存在什么问题？ 150
早产宝宝的视力可能存在什么问题？ 152
早产宝宝的听力可能存在什么问题？ 154
早产宝宝可能面临的贫血问题，你了解吗？ 156

第十部分
其他常见健康问题

为什么要给新生宝宝采集足跟血？ 160
新生宝宝的体重为什么不升反降？ 162
宝宝哭闹时肚脐会突出，这是怎么了？ 164
宝宝斜颈怎么办？ 166
发热究竟该怎么处理才正确？ 170
宝宝热性惊厥怎么处理？ 174
新生儿脐炎该怎么办？ 178
宝宝尿路感染怎么办？ 180
男宝宝包皮粘连怎么办？ 182
宝宝有心杂音怎么办？ 184

第十一部分
意外伤害与急救方法

头部出现磕碰，怎么办？ 186
手臂脱臼了怎么办？ 188
你知道怎么做心肺复苏吗？ 190
被异物梗住呼吸道，该怎么急救？ 194

皮肤

小宝宝遇到皮肤问题非常普遍。出黄疸了怎么办？脱皮了正常吗？淹脖子、尿布疹、湿疹、荨麻疹怎么护理？……我们一起解决！

新生宝宝出黄疸了，怎么办？

知识点

· 黄疸是由于宝宝体内胆红素增多引起的。

· 生理性黄疸很常见，最有效的方法是"多吃多排"。

· 怀疑宝宝是病理性黄疸，应及时就医。

大多数新生儿都会有不同程度的黄疸。

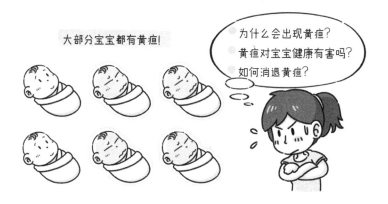

引发黄疸的罪魁祸首，是一种叫胆红素的物质。新生儿肝脏功能还不完善，没办法完全代谢掉体内多余的胆红素，就形成了肉眼可见的黄疸。

新生儿黄疸分为生理性黄疸和病理性黄疸。一般来说，从宝宝出生24小时后至9~10天内出现的黄疸是生理性黄疸，发展顺序通常为面部→胸腹部→四肢，消退的顺序则相反，不需要特殊治疗。

如果是在宝宝出生后24小时内或出生1个月后出现的黄疸，或者在几小时、几天内皮肤明显变黄，就可能是溶血、感染、先天性疾病等引起的病理性黄疸。别犹豫，应及时就医，以免胆红素水平过高对宝宝脑部造成损伤。

消退生理性黄疸最有效的办法，就是让宝宝"多吃多排"。胆红素可以通过大便排出，因此多哺乳、多排便，黄疸就消退得快。

多喝奶，把胆红素拉出去！

晒太阳对于帮助宝宝降低黄疸水平也有一定作用，但一定要注意眼部防晒。可以用衣物或帽子遮住宝宝的眼睛，并充分暴露身体皮肤，经常变换体位，避免晒伤，照射时间以上午、下午各半小时为宜。

一定要注意眼部防晒。

喂糖水不利于消退黄疸。糖水容易让宝宝产生饱腹感，母乳摄入就会相应减少，从而影响排便次数，导致胆红素代谢得更慢，甚至加重黄疸。

听说喂糖水能去黄疸。

糖

不要！宝宝喝糖水会影响喝奶，反而让胆红素代谢更慢！

一般来说，医生会根据宝宝出现黄疸的时间和程度，给出合理的治疗和护理方法。如果症状较轻，无须用药，随着宝宝肝脏功能完善，黄疸会逐渐消退。如果黄疸比较严重，医生可能会采取照蓝光等方式帮助消退黄疸。

蓝光

如果黄疸比较严重，就要采取这种方法。

·新生儿脱皮是正常现象。
·宝宝全身都可能脱皮，千万不要强行撕掉或搓掉。
·如果脱皮后皮肤出现小裂口，或有红肿等症状，应尽快就医。

知识点

刚出生的宝宝身上可能会起皮，很多家长担心是不是宝宝身体出了问题。

实际上，宝宝出生后，从浸在羊水中的湿润环境进入相对干燥的环境，皮肤会变得干燥。而且，新生儿角质层容易脱落，表皮和真皮连接得也不够紧密，所以脱皮是正常现象，通常会持续 2~3 周。

脱皮可能出现在新生儿全身各个部位，特别是四肢、耳后。家长要等待其自行脱落，千万不要强行撕掉或搓掉。

洗澡时，尽量不用沐浴露，以免将皮肤表面的油脂洗掉，加重皮肤干燥。洗澡后，可以为宝宝涂抹婴儿润肤乳，以保持皮肤湿润。

如果宝宝脱皮后，皮肤出现了小裂口，建议及时咨询医生，按照医生的建议进行护理，以免引发感染。如果脱皮同时伴有红肿或水疱等其他症状，也应尽快就医。

·新生儿脖子短、褶皱深，容易出现淹脖子。

·预防淹脖子，关键是保持颈部皮肤干爽、清洁。

·如果淹脖子比较严重，应及时就医，遵医嘱治疗。

知识点

很多新生儿都会受到淹脖子的困扰。这是因为，新生儿脖子较短，褶皱既多又深，奶液、汗液、口水等进入后无法蒸发，刺激了宝宝娇嫩的皮肤，导致皮肤发红、肿胀甚至破溃，有时还伴有腐臭味。

严重的淹脖子会让宝宝感到疼痛，预防的关键是保持颈部褶皱处皮肤的干爽、清洁。发现奶液或口水流入脖子褶皱中，及时清洁，防止淤积。

可以鼓励宝宝多趴卧，尤其是能够主动抬头以后。趴卧时，宝宝颈部的褶皱可以舒展开，有利于液体蒸发，保持干燥。

也可以每天给宝宝清洗脖子，着重清洗褶皱处。清洗时，力道一定要轻，扒开褶皱处，用纱布巾蘸温水将乳白色奶酪样的膜轻轻擦去，再用干纱布巾蘸干。

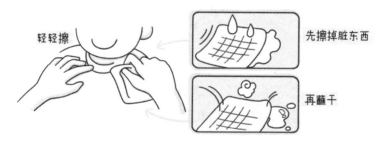

如果淹脖子比较严重，皮肤已经发红甚至溃烂，切勿涂抹痱子粉或护肤品，避免感染。这时应及时就医，在医生指导下使用药膏治疗。

· 尿便刺激、过敏是引起尿布疹的主要原因，护理时要分清情况。
· 护理尿便刺激导致的尿布疹，最关键的是保持干燥。
· 如果尿布疹比较严重，短期外用激素软膏是必要的。

尿布疹，又名红屁股、尿布皮炎，就是在被尿布包裹的部位出现红疹或皮肤炎症，大多是由于宝宝对包裹材料过敏或被尿便刺激所致，要分情况采取不同的护理办法。

过敏导致的尿布疹，疹子大多位于屁股外侧、大腿根部外侧和腰部，主要表现为带有鳞屑的丘疹，且丘疹边界清楚，严重的可能会出现水疱和糜烂。

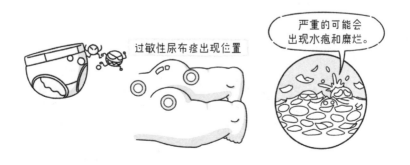

护理过敏性尿布疹，可分为四步：

   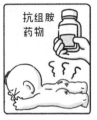

①更换其他品牌的纸尿裤，停止接触过敏原。　②局部使用激素软膏对抗炎症，恢复受损肌肤。　③涂抹足量的保湿霜，修复皮肤屏障。　④如果感觉特别痒，可在医生指导下使用抗组胺药物缓解。

皮疹严重时，短期外用激素软膏是必要的。医生会综合病情、出疹部位、安全性等因素，选择适合宝宝的药膏，遵医嘱使用是非常安全的，不要因为担心副作用而抗拒使用，以免延误病情。

尿便刺激导致的尿布疹，是由于尿布没有及时更换，尿便长时间刺激皮肤，导致皮肤屏障受损，从而出现皮疹。如果护理不及时，极易继发真菌感染，加重病情。

护理尿便刺激导致的尿布疹,最关键的是保持干燥。具体步骤分为三步:

①勤换纸尿裤,清洗屁屁时,用流动的清水冲洗,避免用湿巾擦拭。

②等待屁屁自然晾干,或用吹风机吹干。用吹风机时,可以把手放在吹风机前感受温度,避免温度过热。

③屁屁彻底干爽后,涂抹护臀霜,换上干净的纸尿裤。

如果尿布疹比较严重,可以去医院使用烤灯治疗,或者在家里用吹风机热烘。但一定要注意温度,避免烫伤。治疗结束后,再遵医嘱在破溃处涂抹消炎药膏或抗过敏药膏。

需要注意的是,在使用吹风机或烤灯前,患尿布疹区域切勿涂抹任何药膏,这是因为,很多药膏都含有油性物质,油会吸收热量,可能会烫伤宝宝。

宝宝得了荨麻疹，怎么办？

· 荨麻疹是人体皮下组胺快速释放引起的红肿反应。
· 多数荨麻疹发作后短时间内可消退，如果症状严重，应及时就医。
· 治疗荨麻疹可使用抗组胺药物或激素。

荨麻疹是人体皮下组胺快速释放引起的红肿反应。组胺是由人体肥大细胞释放的，当肥大细胞破溃，组胺渗透到皮肤组织中，就会引起局部红肿，也就是荨麻疹。

导致肥大细胞破溃的物质，是过敏原刺激人体产生的免疫球蛋白 E（IgE）。所以，荨麻疹的发作是一个过敏的过程。多数荨麻疹发作后短时间内即可消退，但严重的荨麻疹可能会威胁孩子健康，需提高警惕。

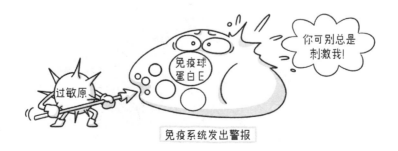

免疫系统发出警报

荨麻疹可以发生在身体的任何部位。症状有：皮肤先有瘙痒感，随即鼓包，连片出现风团，严重的甚至会全身水肿。部分患者可能伴有恶心、呕吐、腹泻等，还可能有胸闷、窒息、气喘等症状。

当孩子出现以下症状之一，应及时就医：

治疗荨麻疹通常有两种方法，一是使用抗组胺药物，中和组胺；二是使用激素，修复破溃口。家长可以用手机拍下照片，记录下疹子的部位、面积、发展过程，帮助医生更好地诊断病情。

宝宝长痱子了，怎么护理？

· 预防痱子，要注意温度、湿度，保持皮肤清洁、干爽。
· 宝宝长了痱子，尽量避免抓挠，以免抓破引起感染。
· 如果痱子比较严重，可遵医嘱涂抹抗生素软膏。

痱子是一种常见的皮肤病，是在高温闷热环境下，大量的汗液不易蒸发，刺激局部皮肤形成的鼓包。宝宝的皮肤娇嫩，汗腺和体温调节功能还没发育好，所以特别容易长痱子。

痱子有三个特点：性状上，疹子间边界分明，能辨别个数，摸上去轻微扎手；出疹速度上，一两个小时甚至十几分钟就可能大面积出现；疹子的变化上，痱子通常会由小红点变成小脓包，甚至破溃、化脓。

预防痱子，要注意宝宝所处环境的温度和湿度，要保持皮肤清洁、干爽。

①注意温度、湿度，夏季室温最好控制在 24 ~ 26℃，湿度在 45% ~ 65%。

②保持皮肤清洁、干爽，尽量选择棉质衣物，出汗后及时擦干，尤其注意褶皱处，如果宝宝出汗较多，勤换衣服和纸尿裤。

宝宝长了痱子，会有一定的瘙痒感，尽量不抓挠，以免抓破后引发感染。洗澡时用温水，不用碱性、刺激性的洗浴用品，以免刺激皮肤。切勿使用痱子粉，它不仅不利于痱子消退，扑粉时扬起的粉末还可能会被宝宝吸进肺里。

此外还要注意，别捂着，尤其是长痱子的地方，要及时散热、保持透气。如果痱子比较严重，比如出现了破溃、渗水甚至化脓，可遵医嘱涂抹抗生素软膏。

宝宝得湿疹了，怎么办？

- 湿疹的常见症状有皮肤发红、粗糙、脱屑等，严重时可能会有裂口、渗水。
- 顽固性湿疹可能与过敏、食物不耐受等有关。
- 护理湿疹最主要的方法是止痒、消炎和保湿。

湿疹又叫特异性皮炎，名字虽有个"湿"字，最大的特点却是"干"，常见症状包括皮肤发红、粗糙、脱屑等，伴有明显的痒感，严重时可能会出现裂口、渗水，最后结痂。湿疹常常成片出现，不分个数，可能只出现在身体的某个部位，也可能几乎遍布全身。

明明叫"湿疹"，为什么皮肤那么干？

湿疹的病因很难明确。宝宝患湿疹，主要原因是皮肤发育不够成熟，随着年龄增长，绝大多数湿疹可以自愈。但如果宝宝总是反复出现顽固性湿疹，则很有可能与过敏、食物不耐受等有关。

可以自愈的湿疹
皮肤发育不成熟

顽固性湿疹
食物不耐受
过敏

此外，湿热的环境会加重湿疹。这是因为，宝宝皮肤本就娇嫩，角质层很薄，湿热环境下皮肤血管扩张充血，薄薄的皮肤会显得更红，感觉也会更痒，一旦抓挠，很容易发生破溃，诱发感染。

治疗湿疹，首先要护理患处皮肤，主要方法包括止痒、消炎和保湿。如果是顽固性湿疹，要考虑是否过敏引起的，及时发现并回避过敏原，切断发病源头。

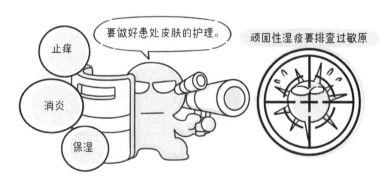

止痒需要两种药物帮忙，即抗组胺药物和激素。抗组胺药物如扑尔敏、西替利嗪，激素类药物最常用的是氢化可的松。如果宝宝感觉特别痒，可以遵医嘱，通过口服抗组胺药物与外用激素药膏结合的方式缓解症状。

消炎的目的是抗感染。如果湿疹严重，发生了破溃，必要时需在医生的指导下使用抗生素，以免延误病情。常见的外用抗生素药膏是百多邦软膏，一般会将其和氢化可的松以 1:1 的比例混合使用。

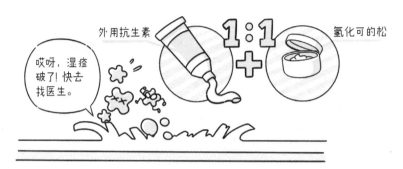

这里要提醒家长，使用抗生素或激素药膏时，要综合考虑湿疹的范围和程度，疗程、用量、何时停药，也要视恢复情况而定，一定要遵医嘱，不要擅自用药、停药。

保湿是治疗湿疹的重要步骤。如果湿疹比较严重，涂抹保湿霜时一定不要吝啬，有湿疹的地方每日多次大量涂抹，充分滋润皮肤，隔绝细菌、病毒等外界的侵袭。

· 即使宝宝湿疹严重，也应定期洗澡。

· 治疗湿疹，不必谈激素色变，遵医嘱使用是非常安全的。

· 如果宝宝非常痒，可以尝试转移他的注意力，同时寻求专业
  帮助。

误区一

护理患湿疹的宝宝，使用香皂、沐浴露频繁洗澡，或担心湿疹加重而不洗澡。这些都是不可取的。正确的做法是每天用温水洗澡，保持皮肤清洁，以免出现感染。

误区二

有人认为使用激素会导致皮肤变黑、增厚。其实激素与抗生素只要遵医嘱使用，剂量合理，次数、使用时长合规，通常都是没有问题的。

宝宝患处的皮肤已经有湿疹破损的情况，有的家长仍然寄希望于保湿霜。这种做法不但不能缓解湿疹，反而加重皮肤损伤，甚至有过敏风险。

有的家长看到宝宝抓挠皮肤，就强加制止。但宝宝仍然会感到痒，且情绪会更加暴躁。家长可以尝试用其他事情转移宝宝注意力，同时求助医生找到止痒办法。

- 口水疹很常见，主要是由于口水浸泡、刺激口周皮肤造成的。
- 预防口水疹的原则是保持口周清洁干燥。
- 护理口水疹，要先蘸干口水，再薄薄地涂上一层橄榄油。

有时候家长会发现，宝宝的口周皮肤常常红红的，粗糙、脱屑，甚至出现小裂口。这多半是口水疹。

哎呀，
我起了口水疹。

裂口

红

脱屑

粗糙

之所以会出现口水疹，一是宝宝在一定时期内（比如出牙期）口水分泌较多，而吞咽功能尚不成熟，总有口水弥漫在嘴角，浸泡皮肤；二是外部摩擦，宝宝皮肤娇嫩，反复擦口水也会刺激口周皮肤。

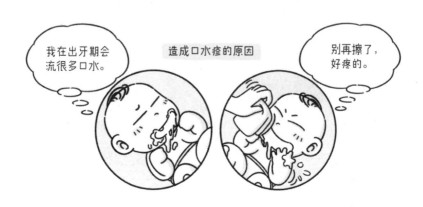

我在出牙期会
流很多口水。

造成口水疹的原因

别再擦了，
好疼的。

预防口水疹，要牢记八个字——保持口周清洁干燥。

① 发现口水要及时蘸干，蘸的时候动作要轻柔，切勿来回擦拭。

② 如果宝宝频繁吃手，可以尝试使用安抚奶嘴。

③ 家长可以给宝宝示范吞咽动作，让宝宝逐渐学会吞咽口水。

护理口水疹时，可以在蘸干口水后薄薄地涂上一层橄榄油，在皮肤上筑起一道"屏障"，起到隔离口水的作用。宝宝活动时容易把油蹭掉，可以在宝宝睡觉时涂。

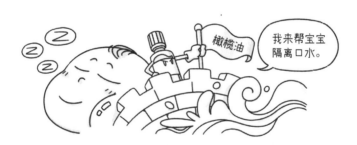

需要提醒的是，涂在口周的油易被宝宝舔食，因此要选择安全可食用、不易过敏、不含药物的，可以用橄榄油、凡士林等。不建议使用芝麻油、花生油、大豆油等，以免引起过敏。

添加辅食后，宝宝的皮肤为什么会发黄？

- 添加辅食后，宝宝皮肤发黄多半是黄色食物摄入过量导致的。
- 黄色食物包括南瓜、胡萝卜、红薯、橙子、橘子等。
- 暂时不吃黄色食物，皮肤的黄色通常能自然消退。
- 如果宝宝的白眼球也变黄了，应及时就医。

知识点

添加辅食后，家长可能会发现，宝宝的皮肤发黄了。这多半是黄色食物摄入过量，皮肤色素沉淀导致的。

比如，宝宝常常吃南瓜泥、胡萝卜泥、红薯泥、橙子、橘子等黄色食物。这些食物里都含有黄色素，宝宝代谢能力有限，如果摄入过多，代谢不完就会堆积在体内，表现出来就是皮肤发黄。

这种情况下，暂时不吃黄色食物，黄色通常就会自然消退，不需特殊治疗。但是，如果宝宝的白眼球也变黄了，就要及时就医。

怎样判断宝宝是否皮肤异常发黄呢？最简单的办法是，比较家长和宝宝的掌心，如果宝宝的掌心比父母的掌心黄，就说明色素沉淀比较严重。

需要提醒的是，不管什么食物都不能过度摄入，合理膳食、均衡营养最重要。

- 麻疹、风疹、猩红热都是急性呼吸道传染性疾病，传染性极强。
- 家长可以通过观察孩子的出疹情况初步判断是麻疹、风疹还是猩红热。
- 按时接种麻风疫苗，是预防感染麻疹、风疹病毒的有效途径。
- 如果感染了猩红热，医生通常会给孩子使用抗生素治疗。

知识点

麻疹、风疹、猩红热同属急性呼吸道传染性疾病，传染性极强，可通过飞沫传播，一年四季都可能发生，高发于冬春两季。

麻疹、风疹、猩红热最主要的区别是出疹子的情况不同，家长可以通过观察孩子的出疹时间和疹子的表现，进行初步判断和区分。

如果感染了麻疹病毒，疹子一般会在发热 3~4 天后出现，皮疹通常先在耳后、颈部出现，24 小时内沿着面部、躯干、上肢向下半身蔓延，最后全身上下都弥漫着疹子。

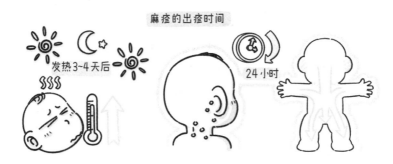

麻疹的出疹时间

发热3~4天后
24小时

麻疹的皮疹颜色最初是亮红色，分布稀疏且不规则，到了病程后期，感染严重者皮疹会相互融合，甚至造成皮肤水肿。需要说明的是，麻疹合并肺炎、脑炎的可能性更高。

麻疹的疹子表现

我们初期是亮红色的，分布稀疏。后期严重了会相互融合。

会造成皮肤水肿，还可能合并肺炎、脑炎。

皮肤水肿　肺炎脑炎

如果感染了风疹病毒，疹子一般会在发热 1~2 天后出现，首先是面部，2~3 天后蔓延至身体其他部位。

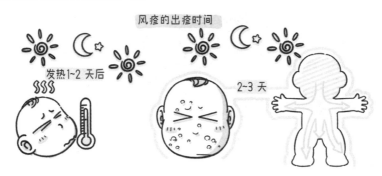

风疹的出疹时间

发热1~2 天后
2~3 天

风疹症状一般较轻，疹子是淡红色癍丘疹，分布均匀且较稀疏，明显高于皮肤表面。

猩红热是一种比较少见的细菌感染性疾病，由 A 组溶血性链球菌引起。它的主要特点是发热的同时出现皮疹，严重者可能会合并脑炎或肺炎。猩红色的疹子往往最先出现在颈部、腋窝、腹股沟等部位，24 小时内可遍布全身。

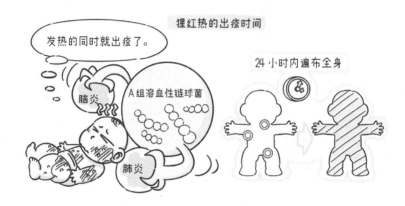

疹子是密密麻麻的猩红色充血皮疹，用手触摸有摸砂纸的感觉，有的孩子还会出现眼睛红、杨梅舌或草莓舌等症状。

当孩子出现以下症状之一，应及时就医：发热并伴有出疹；年龄较大的孩子主诉喉咙痛，尤其是伴有发热、出疹等症状；孩子看起来非常不适或状态与平时明显不同。

接种麻风疫苗是预防感染麻疹、风疹病毒的有效途径，一定要按时接种。一旦感染麻疹或风疹病毒，要做好隔离，同时对症护理，如降温、补水、多休息，一般无须使用抗生素。

如果感染了猩红热，医生通常会给孩子使用抗生素治疗。遵医嘱积极治疗，孩子很快就能康复，家长不必过于担心。

- 幼儿急疹是一种病毒感染性疾病,多发于 2 岁以内的婴幼儿。
- 幼儿急疹最典型的表现是"热退疹出"。
- 幼儿急疹是一种自限性疾病,通常不需要治疗。

宝宝发烧了,体温反反复复,可能得了幼儿急疹。

怎么白天降下来了,晚上又升高了?

幼儿急疹又称婴儿玫瑰疹,是一种病毒感染性疾病,多发于 2 岁以内的婴幼儿,尤以 1 岁以内最多,学龄前幼儿也有可能发病。幼儿急疹不属于传染病,且患病后终身免疫。

病毒

2 岁以内

我得过幼儿急疹,以后都不会得了。

幼儿急疹最典型的表现是"热退疹出"。宝宝在没有任何征兆的情况下突然高热，体温可达 39~40℃，通常持续 3~5 天，服用退热药后体温可短暂下降至正常，之后还会反复。这里所说的 3~5 天，指的是 3~5 个 24 小时。比如，昨天半夜到今天早上，就不能算作完整的 1 天。

　　这期间，宝宝唯一的症状是发热，没有咳嗽、流鼻涕等症状，精神状态也只是在高热时受影响，退热后没有其他不舒服的表现。

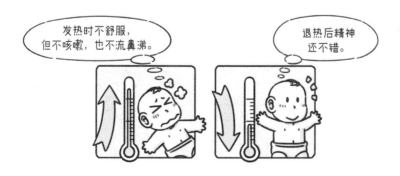

发热 3~5 天后，宝宝体温恢复正常，皮肤上随之出现红色丘疹，直径为 2~5 毫米，主要散布在前胸、腹部和后背，很少出现融合，偶尔见于面部和四肢。持续 3 天左右，皮疹会自行消退，不留任何痕迹。

幼儿急疹是一种自限性疾病，靠机体调节就能控制病情发展并逐渐痊愈，通常不需要治疗。但是高热时宝宝可能会哭闹、烦躁，家长可根据情况进行护理。

值得注意的是，幼儿急疹是充血性皮疹，不是出血性皮疹。家长可以这样判断：如果皮疹呈玫瑰红色，用手按压会变白，松手后又恢复玫瑰红色，就是充血性的；如果皮疹呈紫红色，用手按压不会变白，就是出血性的，应及时带宝宝就医。

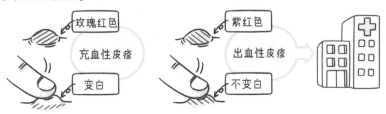

知识点

· 水痘传染性强，传播途径主要是呼吸道飞沫传播和接触传染。
· 水痘有潜伏期，病程持续 7 天左右。
· 感染水痘后需要隔离，同时要给孩子日常用品消毒。
· 预防水痘最好的办法是接种疫苗。

水痘是由水痘－带状疱疹病毒引起的呼吸道传染性疾病，多发于冬春两季。水痘传染性强，传播途径主要是呼吸道飞沫传播，也可能是接触传染，如接触了被水痘病毒污染的餐具、玩具、毛巾等物品而感染。

水痘－带状疱疹病毒

我可以自由自在地乘着飞沫捣乱。

水痘感染后不会立即发病，而是会潜伏 14~21 天，病程持续 7 天左右。水痘是一种自限性疾病，痊愈后基本不留疤痕，且终身免疫。

我会潜伏 14~21 天。

然后让你见识我的厉害!

但最终，我会被宝宝的免疫系统清除。

水痘发病初期，常见的症状有发热、咳嗽、轻微食欲不振等。之后会出疹子，疹子一开始是小红点，接着变成水疱，最后结痂、脱落。水痘常分批出现，同一部位常常可见各个阶段的疹子，有的刚发，有的已经结痂，且数量众多。

因为传染性强，所以宝宝生病期间需要隔离。同时，要注意宝宝日常用品的消毒，用开水烫过后晾干即可，切勿使用消毒剂。

要保持皮肤清洁，如果水疱未破损，可以适当用温水淋浴，清除细菌，降低感染的风险。日常应尽可能保持皮肤干燥，如果水疱破损较多，可以用纱布蘸生理盐水局部湿敷，起到清洁和止痒的效果。如果宝宝感觉非常痒，可以适当使用止痒药物，以免抓破水疱引发感染。

不要泡澡，除日常清洁外，
皮肤应保持干燥

当宝宝出疹子时，如伴有以下情况之一，应及时就医：

持续高热不退

因口腔和咽部疼痛而拒食拒水

宝宝暴躁易怒、嗜睡或走路摇晃

疹子红肿、有脓，且痛感强烈

经常咳嗽，且呼吸困难

虽然水痘痊愈后终身免疫，但可能会有少量病毒潜伏，埋下健康隐患。病毒长期存留于神经节内，一旦人体免疫力下降，病毒就会沿着神经节向外周扩散，形成带状疱疹，给患者带来剧烈的疼痛。

我们藏在神经节内，君子报仇，十年不晚。

免疫力

哈哈，是时候出来捣乱了！

疼

痛

带状疱疹

免疫力

预防水痘最好的办法是接种疫苗。水痘疫苗一般在宝宝 18 个月时接种第一剂，4 岁时加强一剂。如果 4 岁后才接种第一剂，这一针和加强针之间需要隔一个月。

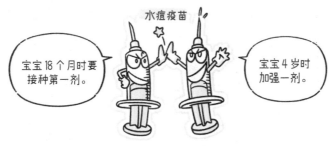

水痘疫苗

宝宝 18 个月时要接种第一剂。

宝宝 4 岁时加强一剂。

- 手足口病多发于 5 岁以下的幼儿，传染性很强。
- 手足口病典型的症状是在手、脚、口腔和肛门周围出现红色疱疹。
- 护理手足口病要做好退热和预防脱水。
- 预防重症手足口病最有效的方法是接种 EV71 疫苗。

知识点

手足口病多发于 5 岁以下的幼儿，由肠道病毒引起，传染性很强，主要通过飞沫、接触等途径传播。

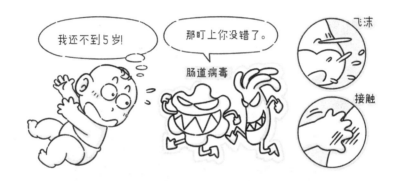

手足口病的潜伏期一般在 2~10 天，发病初期看起来就像感冒，常伴有发热；随着病程发展，症状逐渐明显，在手、脚、口腔部位和肛门周围会出现米粒大小的红色疱疹。

手足口病通常无须特殊治疗，多数孩子会在 1~2 周内痊愈。但当孩子出现以下症状之一，要及时就医：

①可能会脱水

②服用退热药或其他镇痛药物后，疼痛仍无法缓解

③出现明显的呼吸问题及神经系统的问题

护理时要做好两点：退热、预防脱水。如果体温没有超过 38.5℃，可以先观察；如果体温超过 38.5℃，可以根据孩子的精神状态评估是否需要服用退热药。

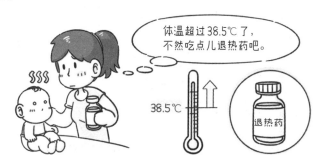

体温超过38.5℃了，不然吃点儿退热药吧。

38.5℃

退热药

口腔疱疹破溃后会剧烈疼痛，孩子可能会拒绝进食，这时要预防脱水。家长可以给孩子准备一些凉的流质食物，比如放凉的粥、冰牛奶，鼓励孩子多喝常温水，缓解不适。

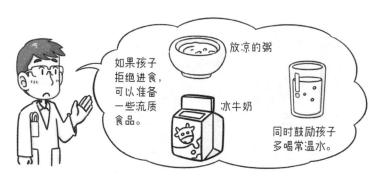

如果孩子拒绝进食，可以准备一些流质食品。

放凉的粥

冰牛奶

同时鼓励孩子多喝常温水。

大部分病毒不会引发重症手足口病，但肠道病毒 71 型（EV71 病毒）例外，这种病毒的威力很大，会引发脑膜炎、肺水肿等重症疾病。预防感染的最有效方法，是接种专门针对 EV71 病毒的手足口病疫苗。

需要提醒的是，虽然手足口病常见于 5 岁以下的幼儿，但成年人也有可能感染并且传播手足口病。所以，家长在照顾孩子的时候，自己也要注意防范，这样才能更好地守护孩子的健康。

第二部分

口腔

宝宝的口腔问题也是困扰家长的一大难题。鹅口疮怎么护理？舌系带太短怎么办？患龋齿了怎么应对？出牙晚与缺钙有关吗？……看这里！

鹅口疮应该如何护理？

· 鹅口疮是由白色念珠菌过度繁殖引起的真菌感染。

· 轻微的鹅口疮可自行消退，切勿人为刮除。

· 如果鹅口疮出现破损，要在医生指导下使用制霉菌素治疗。

鹅口疮是由白色念珠菌过度繁殖引起的真菌感染，主要表现为宝宝的口腔黏膜或舌头上有类似奶液残留的白色凝乳状物质。

鹅口疮很容易和滞留在宝宝口腔内的奶块混淆，区别在于奶块很容易就能擦掉，而鹅口疮不管是喂水还是用棉签擦拭都很难去除，即便能擦去，也会留下潮红、粗糙的创面。

宝宝得了鹅口疮，如果症状比较轻，通常可以自行消退，切勿人为地用坚硬的物体刮除，以免损伤口腔黏膜。

如果鹅口疮出现破损，宝宝因疼痛而影响了进食，则需在医生指导下使用制霉菌素治疗。除了制霉菌素，还可以根据肠道菌群检测结果，有针对性地服用益生菌制剂，抑制白色念珠菌繁殖。

需要提醒的是，日常生活中一定要远离消毒剂，不滥用抗生素，以免打破宝宝肠道菌群平衡，缺乏能够抑制白色念珠菌生长繁殖的细菌，出现鹅口疮。

宝宝舌系带过短，怎么办？

知识点

· 舌系带过短通常表现为舌头不能伸出口外，且无法上翘。
· 舌系带过短会导致宝宝吃奶困难，如果已经添加辅食，还会增加咀嚼的难度。
· 治疗舌系带过短，通常会施行系带切开术。

舌系带是连接舌背和口腔底部的一根细长的黏膜索带，通俗说就是当舌头上翘时看到的那根舌筋。舌系带正常可以使舌头活动自如，舌尖能自然地伸出口外，或向上舔到上齿龈。

我是宝宝的舌头，舌系带在这里。

舌系带

舌系带过短是一种先天性疾病。宝宝出生后舌系带没有退缩到舌根下，而是位于舌背靠近舌尖的位置，限制了舌头的活动，表现为舌头不能伸出口外，且无法上翘，伸舌头时会呈现 W 形。

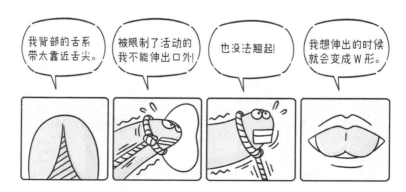

我背部的舌系带太靠近舌尖。

被限制了活动的我不能伸出口外!

也没法翘起!

我想伸出的时候就会变成 W 形。

舌系带过短会导致宝宝吃奶困难，如果已经添加辅食，还会增加咀嚼的难度；随着牙齿萌出，舌背与下前牙反复摩擦，容易引起舌头破溃甚至感染；还可能影响宝宝说话，导致宝宝无法正确地发音，尤其是卷舌音。

如果 6 月龄宝宝吃得好、睡得好、精神好，一般不用治疗。如果情况比较严重，比如妈妈在母乳喂养时乳头有强烈的疼痛感，或宝宝进食困难导致生长缓慢，应及时就医。

治疗舌系带过短，通常会在新生儿期施行系带切开术：将舌根局部麻醉后（或不需麻醉），剪断舌系带，压迫止血，术后 15 ~ 20 分钟就可以正常进食了。手术风险很小，几分钟即可完成，也没有后遗症。

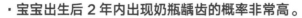

> · 宝宝出生后 2 年内出现奶瓶龋齿的概率非常高。
> · 奶瓶龋齿可能会影响咀嚼能力、营养摄入，甚至影响恒牙生长。
> · 保护乳牙，注意不要让宝宝养成奶睡的习惯，做好口腔清洁。

知识点

奶瓶龋齿多出现在 2 岁以内，主要原因是宝宝经常含着乳头或奶嘴睡觉，不能及时清洁口腔，残留的母乳、配方奶、牛奶等食物残渣被细菌败解，形成酸性物质附着在牙齿上，时间久了就会引发龋齿。

严重的奶瓶龋齿会影响宝宝的咀嚼能力，还可能影响营养摄入和吸收，甚至影响将来的恒牙生长。此外，宝宝含着乳头或奶嘴入睡，奶液容易进入耳朵引起感染，可能会诱发中耳炎，损伤听力。

保护宝宝的乳牙，要注意：第一，尽量不给宝宝喝有甜味的水、饮料等，避免宝宝习惯甜味后拒绝喝没有味道的白开水，同时也可以减少糖分对牙齿的损伤。

第二，不要养成奶睡的习惯。如果已经有奶睡的习惯，最好从现在就开始改变，比如用安抚奶嘴或在奶瓶中装清水代替。尽早改变、及时补救，任何时候都不算太晚。

第三，做好口腔清洁。未添加辅食时，可以在喂奶后让宝宝喝几口水漱漱口。添加辅食后或乳牙已经萌出，可以用硅胶指套帮宝宝清洁口腔，尤其是晚上睡觉前，一定要帮助宝宝刷牙，彻底清洁口腔。

- 宝宝出牙有早有晚，家长不必过于担心。
- 宝宝 13 个月以后乳牙还没有萌出的迹象，才算作乳牙萌出延迟。
- 多啃咬磨牙棒、磨牙饼干、牙胶等，有助于乳牙萌出。

宝宝出牙，有很大的个体差异性。有的宝宝 5 个月就萌出第一颗牙了，有的要等到 1 岁左右。这都很常见。

一般情况下，宝宝 13 个月以后乳牙还没有萌出的迹象，才算作乳牙萌出延迟。如果宝宝在此之前没有出牙，家长不必过于担心。

宝宝出牙晚和缺钙没有直接关系。钙更多的是帮助牙齿矿化，对促进牙齿生长作用不大。所以，想要通过补钙加速宝宝出牙是不科学的。

宝宝的牙胚在胎儿期就发育形成了，也就是说出生时宝宝的牙床中就有小牙了，至于什么时候出来，与遗传、营养等都有关系。

日常生活中，家长要多给宝宝啃咬的机会，比如啃咬磨牙棒、磨牙饼干、牙胶等，这可以在一定程度上刺激牙龈，促进乳牙萌出。

> - 疱疹性咽峡炎仅在咽部出现疱疹。
> - 宝宝可能会因为疼痛拒食拒水。
> - 疱疹性咽峡炎为自限性疾病，尚无特效疗法对抗病毒。

和手足口病一样，疱疹性咽峡炎也是由肠道病毒引起的急性感染性疾病。

两者的区别在于，手足口病表现为宝宝手心、脚心和口腔内有疱疹，有的甚至出现在肛门周围，而疱疹性咽峡炎的疱疹仅仅出现在咽部。

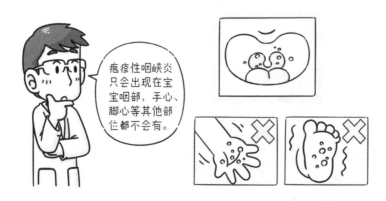

宝宝得了疱疹性咽峡炎，先是在咽部出现小红点，然后形成水疱，到了后期，水疱会慢慢破溃，变成溃疡。

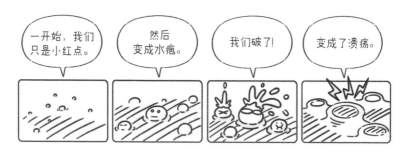

疱疹性咽峡炎以粪－口或呼吸道为主要传播途径，一般病程 4~6 天，较为严重的可持续 2 周。因为溃疡发生在咽部，宝宝可能会因为疼痛而拒食拒水。

疱疹性咽峡炎为自限性疾病，目前尚无特效疗法和药物对抗病毒。发病期间，可以让宝宝少量多次饮水，冲洗溃疡面，保持口腔清洁，避免继发感染。

第三部分

眼睛

都说眼睛是心灵的窗户，宝宝的眼睛问题更是不容
忽视。眼睛分泌物太多；双眼运动不协调，眼上长
了麦粒肿，眼睛得了结膜炎……怎么办？读读这一
部分的内容吧！

· 新生儿鼻泪管比较狭窄，眼睛分泌物多很常见。
· 随着宝宝生长发育，鼻泪管会逐渐变得畅通。
· 如果鼻泪管堵塞严重，要及时看医生。

眼睛和鼻腔之间有一个通道叫鼻泪管，正常情况下，泪腺分泌的眼泪会通过鼻泪管流到鼻腔。但新生儿的鼻泪管比较狭窄，可能会堵塞，眼泪不能完全排干净，就积在了眼睛里。因此，许多新生儿看起来总是眼泪汪汪的。

因为鼻泪管狭窄，眼泪积在眼睛里，所以我看起来眼泪汪汪的。

鼻泪管

当眼泪中的水分蒸发后，其中的油脂和杂质等就会形成黄色或白色的分泌物，也就是眼屎。

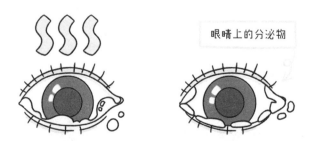

眼睛上的分泌物

　　不过别担心，鼻泪管会随着宝宝的生长发育逐渐成熟，变得畅通起来。在此之前，我们可以帮助宝宝用干净的纱布或纸巾擦掉眼屎，如果眼屎比较干，可以用湿毛巾热敷，软化后再轻轻擦去。

　　也可以洗净双手，从眼角至鼻子的方向，轻轻打圈按压鼻泪管帮助疏通（最好向专业医生学习按摩手法）。

　　如果宝宝的鼻泪管堵塞比较严重，眼睛变得肿胀、泛红，甚至出现了黏稠的深黄色分泌物，一定要及时看医生，因为这很可能是宝宝的眼睛受到了细菌感染。

宝宝双眼运动不协调，怎么办？

- 新生儿双眼运动不协调很常见，与宝宝眼部肌肉和视神经发育不成熟有关。
- 新生儿对眼与鼻梁较低、眼距较宽有关。
- 如果宝宝满 2 个月后还有双眼运动不协调的情况，应及时就医。

细心的家长可能会发现，刚出生的宝宝对眼，这是怎么回事？

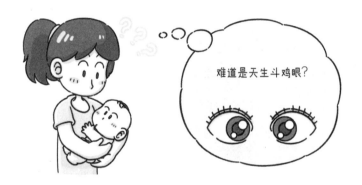

难道是天生斗鸡眼？

其实这很常见。虽然新生儿在胎儿期就具备了视觉反应能力，但眼部肌肉和视神经发育尚不成熟，可能会导致双眼运动不协调，出现单眼或双眼内斜、单眼或双眼外斜等情况。

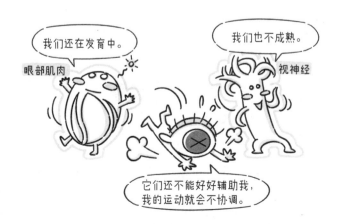

我们还在发育中。

眼部肌肉

我们也不成熟。

视神经

它们还不能好好辅助我，我的运动就会不协调。

双眼内斜俗称对眼，除了上述原因，还与新生儿鼻梁较低、眼距较宽有关，内眦赘皮遮盖住了内眼角侧的白眼球，黑眼球看起来就靠向眼睛内侧了。

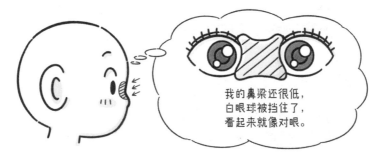

我的鼻梁还很低，
白眼球被挡住了，
看起来就像对眼。

这其实是假性对眼。随着宝宝长大，鼻梁逐渐变高，内眦赘皮逐渐消失，对眼的情况就会慢慢消失。

我的鼻梁长高了，
对眼就会消失。

宝宝满 2 个月后，如果仍然存在单眼或双眼持续内斜或外斜，或者满 3 个月后偶有类似现象，就要及时就医，请眼科医生做详尽检查，及早发现问题，及早治疗。

宝宝满 2 个月后，
眼睛如果还有内斜
或外斜的问题，
需要早检查，
早治疗。

宝宝眼睛长了麦粒肿，怎么处理？

知识点

· 麦粒肿是种急性炎症，是细菌侵入眼睑腺体或毛囊引起的。
· 处理方式一般是热敷和使用抗生素滴眼液治疗。
· 注意区分麦粒肿和霰粒肿。

麦粒肿又叫睑腺炎，是细菌侵入眼睑腺体或毛囊引起的急性炎症。在皮下可以触及硬结，而且有明显的压痛。如果感染不能控制，则会引起化脓性炎症，严重的需要手术治疗。但一般不影响视力，也不会导致眼球发炎或病变。

眼睑皮下有硬结，好疼呀!

那是因为我们细菌侵入了。

当细菌在睑缘聚集、繁殖，和人体发生免疫反应时，会引起睑缘炎，表现为睑缘油脂堆积、皮肤脱屑，还会感觉眼干、有异物感。

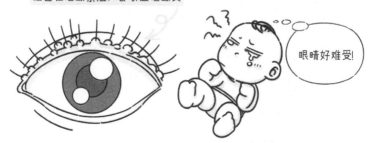

细菌在睑缘繁殖，会引起睑缘炎

眼睛好难受!

麦粒肿容易在睑缘炎的基础上发生。如果长期患有睑缘炎，更易引发麦粒肿。

当宝宝眼部出现硬结，建议及时就医。如果硬结已经露出白头，需要由专业的眼科医生处理，切忌自行挤压。除了使用抗生素眼膏或抗生素滴眼液配合治疗外，少数患者还可能需要手术治疗。

针对麦粒肿，常见的处理方式是用热毛巾湿敷，温度以 40℃ 为宜，每次 15~20 分钟，每天 3~4 次。不建议使用热鸡蛋敷患处或用水蒸气熏蒸，以免烫伤皮肤。热敷的目的是促进血液循环，调动更多免疫细胞对抗感染。再次强调：严禁自行人为挤压硬结，否则可能会使细菌侵入血液，导致颅内感染。

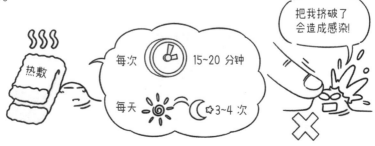

值得一提的是，有些患者的麦粒肿很容易复发，原因可能是卫生习惯不良或毛囊功能差。医生会擦洗眼睑，开放堵塞的腺体，尽量破坏细菌滋生的条件，抑制麦粒肿频发。

另一个和麦粒肿相似的眼部疾病是霰粒肿，也叫睑板腺囊肿。霰粒肿与麦粒肿的表现有相似之处，都是眼睑皮下出现硬结。但是，霰粒肿一般无疼痛，而麦粒肿会有明显压痛；霰粒肿病程长，往往超过 2 个月，而麦粒肿是急性形成的硬结。另外，如果霰粒肿发生感染，可以变为麦粒肿。

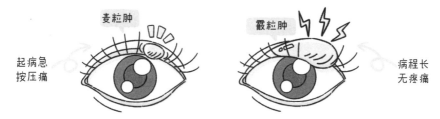

较小的、形成时间 1~2 个月以内的霰粒肿，可通过热敷治疗，热敷能够促进油脂排出，减小结节，使用抗生素滴眼液通常没有效果。另外，如果囊肿较大，影响美观，必要时医生会建议手术治疗。

- 结膜炎大多表现为眼睛红肿、分泌物增多。
- 病毒性结膜炎和细菌性结膜炎是传染性结膜炎，应避免宝宝揉眼睛。
- 不同原因的结膜炎治疗方式不同，需由医生做出判断。

知识点

宝宝患结膜炎时，大多表现为眼睛红肿、分泌物增多。病毒、细菌和过敏都可能导致结膜炎，其中病毒性结膜炎和细菌性结膜炎是传染性结膜炎，要尽量避免宝宝揉眼睛，并且要勤洗手。

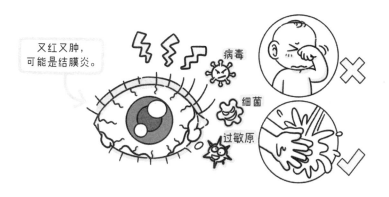

如果是病毒性结膜炎，眼睛分泌物通常比较清亮，可能会有轻微咳嗽、流鼻涕等症状。这种情况无须用药，通常 5~7 天就能自愈。

宝宝得了病毒性结膜炎，要注意及时清理分泌物，可用湿棉布或湿棉球从内眼角向外眼角轻轻擦。

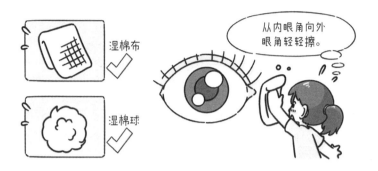

如果是细菌性结膜炎，眼睛分泌物呈黄绿色且比较黏稠，可能有浓稠的黄绿色鼻涕，或严重的咳嗽、眼睑肿胀等症状。

细菌性结膜炎需要使用含抗生素的滴眼液、眼药膏来治疗，严重时可能需要口服抗生素，不过用药前一定要先向医生咨询。

给宝宝滴眼睛时，家长要先洗净双手，宝宝要保持仰卧的姿势，头部稍偏向一侧。之后家长轻轻扒开宝宝的下眼睑，从内眼角滴入滴眼液。

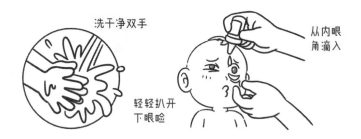

如果是过敏引起的结膜炎，会表现为眼睛充血、连续打喷嚏、咳嗽等。最重要的是让孩子远离过敏原，如果症状严重，可以遵医嘱用抗组胺药物缓解。

如果出现下面任一种情况，家长应立即带孩子去医院检查。

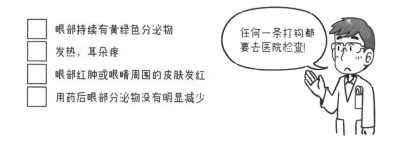

第四部分

耳鼻喉

得了中耳炎怎么办？鼻窦炎怎么处理？流鼻涕、鼻塞怎么应对？嗓子里好像有痰怎么办？急性喉炎又该如何应对？……别急，耳鼻喉的问题看这里！

· 先天性喉喘鸣在婴儿期比较常见。
· 先天性喉喘鸣主要是宝宝喉软骨发育不成熟引起的。
· 随着宝宝长大，先天性喉喘鸣会逐渐消失。

有时家长可能会注意到，宝宝在吃奶或哭闹时，喉咙里会发出呼呼的声音，听着像打鼾，又像喉咙里有痰，平躺时尤为明显。这种现象叫先天性喉喘鸣，在婴儿期比较常见。

先天性喉喘鸣主要是因为宝宝喉软骨发育不成熟，吸气时咽部组织下陷，喉腔随之变小变窄，呼吸时嗓子里就像含了一口痰，严重时可能还会呛奶、呼吸费力。

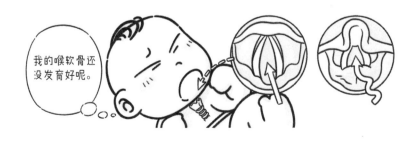

当宝宝患有上呼吸道感染疾病时，喉喘鸣就会加重。

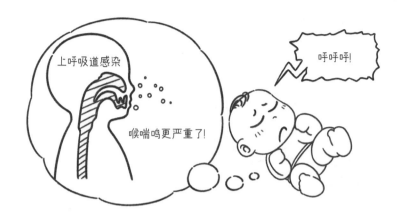

一般来说，随着宝宝长大，喉软骨发育逐渐成熟，喉喘鸣就会消失。只要不是频繁呛奶或者呼吸困难，家长不必过于担心，反之则要及时就医。

宝宝得了中耳炎，怎么办？

· 中耳炎常见的症状是发热、咳嗽、耳朵痛。
· 家长可以用测双耳温度的方式初步筛查。
· 治疗时要同步治疗原发病，并遵医嘱滴药。

冬季和早春是中耳炎的高发期，诱发中耳炎的因素通常有三个：上呼吸道感染、喂奶方法不当、外耳道分泌物蔓延。

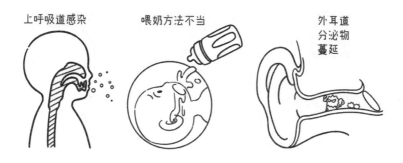

上呼吸道感染　　喂奶方法不当　　外耳道分泌物蔓延

中耳炎的常见症状是发热、咳嗽、耳朵痛。不会说话的小宝宝，可能会用哭闹或拉拽、抓挠耳朵的方式表达耳朵疼。

怎么发热、咳嗽，还抓耳朵？

耳朵疼！

如果怀疑宝宝得了中耳炎，家长可以用测双耳温度的方式初步筛查。如果两侧的耳温有 0.5~1℃的差值，就要高度怀疑是中耳炎，及时带宝宝就医。

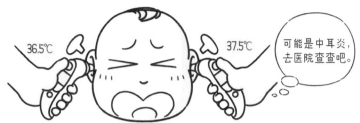

治疗中耳炎，除了找到原发病和及时退热，也要注意按时滴药。滴药时要让宝宝侧躺，牵直外耳道滴入药液，用手指反复轻压耳屏。（滴药后要保持侧躺至少 5 分钟。）

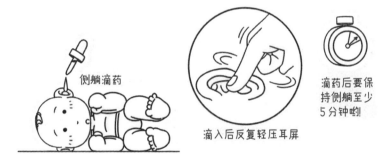

急性中耳炎只要积极治疗，通常不会造成听力损伤。家长要注意遵医嘱复诊，避免出现耳部积液、鼓膜穿孔等情况，影响宝宝听力。

知识点

· 鼻窦炎多在感冒或过敏性鼻炎加重后出现。
· 鼻窦炎通常表现为持续较重的上呼吸道感染。
· 细菌性鼻窦炎使用抗生素治疗时一定要遵医嘱，不可擅自停药。

鼻窦炎是一种常见的上呼吸道感染性疾病，主要指鼻黏膜和鼻窦发炎，多数在感冒或过敏性鼻炎加重后出现。

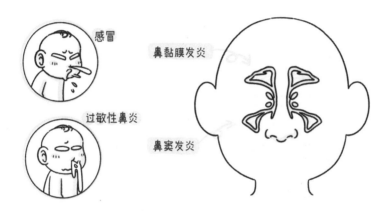

鼻窦炎会引起鼻腔和鼻窦内组织红肿，进而堵塞鼻窦出口，导致鼻窦内的液体无法回流至鼻腔，大量积存在鼻窦内。如果有细菌堵塞在鼻窦内并大量繁殖，很容易引起感染。

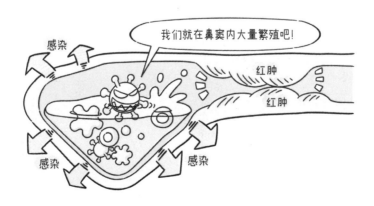

鼻窦炎通常表现为持续较重的上呼吸道感染，比如流浓涕、鼻堵塞、咳嗽等，有时还伴有发热、头痛等，严重时甚至会蔓延至眼部，导致眼睛肿胀。当宝宝出现以下任何一种情况，应及时就医：

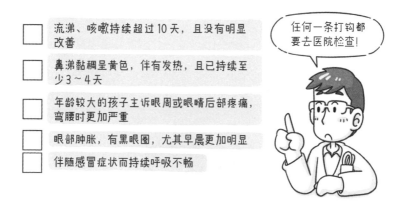

☐ 流涕、咳嗽持续超过 10 天，且没有明显改善

☐ 鼻涕黏稠呈黄色，伴有发热，且已持续至少 3～4 天

☐ 年龄较大的孩子主诉眼周或眼睛后部疼痛，弯腰时更加严重

☐ 眼部肿胀，有黑眼圈，尤其早晨更加明显

☐ 伴随感冒症状而持续呼吸不畅

任何一条打钩都要去医院检查!

如果诊断为细菌性鼻窦炎，通常会使用抗生素治疗。提醒家长注意，一旦医生确定使用抗生素，一定要遵医嘱，按时按量吃够疗程，切不可在症状稍有缓解时擅自停药，以免病情反复。

抗生素

按时按量，吃够疗程。

不能擅自停药。

·感冒、过敏等都可能引起流鼻涕、鼻塞。
·出现流鼻涕、鼻塞，需具体情况具体分析，有针对性地护理。
·新生儿出现鼻塞应及时就医。

引起流鼻涕、鼻塞的原因很多，比如感冒、过敏等。如果仅仅是流鼻涕、鼻塞，没有发热、咳嗽等其他症状，通常无须用药，一周左右就可以自愈。如果因为流鼻涕、鼻塞导致呼吸不畅，则应引起重视。

不发热，不咳嗽。
继续观察，通常
无须用药。

当宝宝流鼻涕、鼻塞时，首先要明确原因，弄清究竟是鼻分泌物堵塞还是鼻黏膜水肿，再有针对性地护理，进而再排查导致这个问题的深层原因，比如感染（鼻窦炎）、过敏等。

要找找鼻塞的原因。

鼻分泌物堵塞

鼻黏膜水肿

鼻窦炎

过敏

　　如果是鼻分泌物堵塞引起的，可以给宝宝清理鼻腔。如果分泌物比较黏稠，可以用棉签浸满油涂抹到鼻黏膜上，刺激宝宝打喷嚏，排出分泌物。如果分泌物比较干，可以先滴入生理海盐水，待分泌物软化后再用上述方法清理。也可以用吸鼻器或小镊子清理。注意动作要轻柔，避免损伤鼻黏膜。

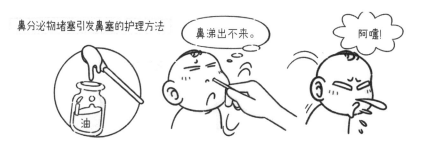

鼻分泌物堵塞引发鼻塞的护理方法

　　如果是鼻黏膜水肿引起的，用手电照鼻腔，可以看到肿胀的鼻黏膜。如果肿胀严重，建议及时就医，在医生指导下使用喷剂缓解。如果是轻微的肿胀，可以使用雾化吸入或温湿毛巾敷鼻缓解。切忌使用吸鼻器、棉签等清理鼻腔，以免加重水肿。

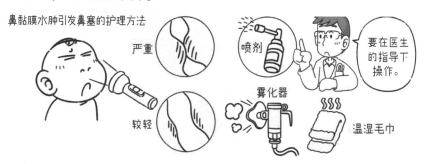

鼻黏膜水肿引发鼻塞的护理方法

　　如果是鼻窦炎引起的，鼻涕往往呈黄色、黏稠，严重时甚至会影响眼部，导致眼睛或眼周有明显的疼痛感。鼻窦炎一定要及时就医检查，细菌性鼻窦炎通常会使用抗生素治疗。

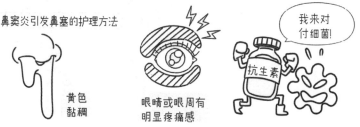

鼻窦炎引发鼻塞的护理方法

如果是过敏引起的，接触过敏原后，短时间内就会出现流鼻涕、打喷嚏的症状，严重者甚至会出现喘憋。过敏所致的流鼻涕，需积极排查并回避过敏原。

过敏引发鼻塞的护理方法

需要注意的是，新生儿出现鼻塞症状，应立即就医。原因在于，新生儿鼻腔小，容易被分泌物堵塞，吃奶时无法用嘴呼吸，就会甩开乳头哭闹，无法继续吮吸，时间长了可能会影响宝宝的生长发育。年龄较大的孩子出现以下任何一种情况，也应及时就医：

· 用生理盐水冲洗鼻腔时，最好使用滴鼻器，不建议使用棉签。

· 建议直接购买市售生理盐水。

· 不要在宝宝睡着时滴生理盐水，以免被呛到。

　　当宝宝出现了鼻塞等症状，可以遵医嘱使用生理盐水冲洗鼻腔。需要准备的物品有适量生理盐水、滴鼻器。

　　提醒：1. 建议购买市售生理盐水，不建议自制，因为无法精准掌握配比，且很难找到无菌的容器。2. 不要在宝宝睡着时操作，以免被呛到。3. 不要使用棉签蘸取生理盐水清理鼻腔，以免损伤鼻黏膜。

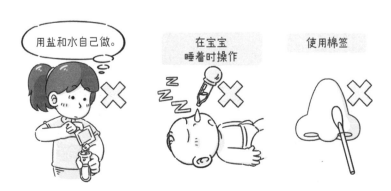

步骤：

1. 在滴鼻器中灌入适量生理盐水。

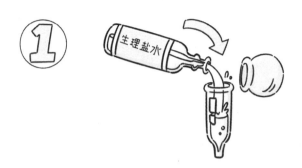

2. 让宝宝平躺，或者抱着宝宝，使其头部上仰。

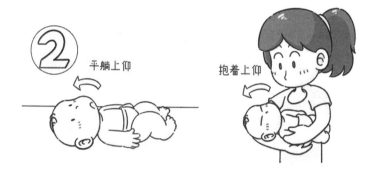

3. 用滴鼻器在宝宝的两个鼻孔中分别滴入 1 滴生理盐水。

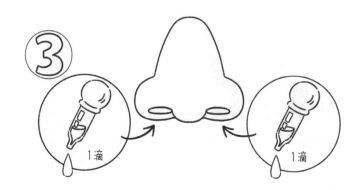

· 小儿急性喉炎通常高发于秋冬季。
· 3 个月到 5 岁的宝宝最易感染。
· 家长怀疑宝宝患急性喉炎时应及时送医。
· 针对症状轻重差异，护理方式有所不同。

　　小儿急性喉炎是种常见的呼吸道急性感染性疾病，一般在秋冬季节高发，3 个月到 5 岁的宝宝最容易感染。

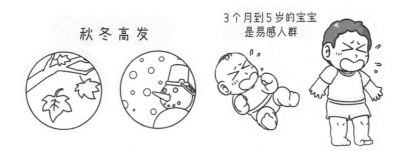

　　引发急性喉炎的原因很多，比如病毒或细菌感染、过敏、吸入刺激性气体等，其中又以病毒感染最为常见。

急性喉炎的常见表现是声嘶、喉鸣，咳嗽时发出犬吠声，通常夜里症状会加重。另外还可能出现咽喉疼痛、水肿、发热、喘憋，甚至呼吸困难。

一旦宝宝出现疑似急性喉炎的症状，家长要及时带宝宝就医。送医途中要注意通风，让宝宝呼吸新鲜空气，能在一定程度上缓解症状。

对于较轻的症状，可以让宝宝在充满蒸汽的浴室里待一会儿，或用加湿器增加空气湿度，保持呼吸道湿润。如果症状较重，医生会提供有针对性的治疗方案，家长要积极配合。

第五部分

消化道

小宝宝消化道敏感又脆弱，供给营养的同时需要做好保护，遇到问题也要积极应对。便秘、腹泻、便血、呕吐、肠绞痛……带你一起了解！

· 大便干硬，且排便费力，满足这两个条件才能诊断为便秘。
· 便秘多数是功能性便秘。
· "益生菌 + 益生元"联合治疗，可以有效缓解便秘。

临床上诊断便秘需满足两个条件：一是大便干硬，二是排便费力、痛苦。排便频率不能作为便秘的判断标准，也就是说，即使连续几天不排便，只要排便时不费力、大便不干，就不是便秘；而是大便在肚子里攒的时间比较长，被形象地称为"攒肚"。这是正常现象,和宝宝消化吸收能力增强有关。

便秘可分为两种，一种是功能性便秘，一种是病理性便秘。病理性便秘是由某种疾病引起的，如先天性巨结肠、肠梗阻等，这种情况比较少见。绝大多数便秘属于功能性便秘，可能和摄入的食物、环境、心理等有关。

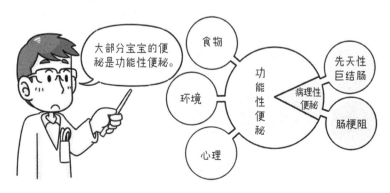

宝宝便秘，不是因为喝水太少或吃配方粉上火。引起便秘的直接原因是肠道吸收了大便中太多的水分，而大便中的水分很少来自人体，大多是由肠道中的细菌败解纤维素产生的，如果宝宝无法获得足够的纤维素，就容易造成大便干结。

纤维素主要有两个来源，一是母乳，其中含有丰富的可溶性纤维素——低聚糖。宝宝吃奶时，会从乳头周围和乳腺管中接触到细菌，细菌败解纤维素后产生水分，所以母乳宝宝普遍大便偏稀，即使排便间隔时间长也不易出现便秘。

纤维素的另一个来源是辅食。适当给宝宝添加蔬菜和水果。加工蔬菜时不要做得过于精细，一般蒸煮后切碎即可，尽量不用机器搅打。

当宝宝便秘时，如果实在排不出，首先要去除梗阻的大便，可以使用开塞露或甘油。但这只是权宜之计。想要大便通畅，还是要从根本上下功夫。

最常见的是"益生菌 + 益生元"联合治疗法。益生菌可以调节肠道菌群，使之平衡；益生元是益生菌的食物和养料，比如蔬菜、水果或谷物中的纤维素，母乳低聚糖，乳果糖，小麦纤维素，菊粉，等等。

因此便秘时，要增加食物中的膳食纤维，保证纤维素含量充足。日常饮食中，适当增加蔬菜水果、谷物类、豆类等的比例，这些食物有助于软化大便、促进肠道蠕动。

家长还可以试着鼓励宝宝多运动，改善肠道功能。

便秘可能会让宝宝产生心理压力，家长要耐心陪伴，少唠叨、少抱怨，创造宽松、安心的环境，便秘或许就能迎刃而解。

宝宝腹泻怎么办？

知识点

· 腹泻是肠道的自我保护表现，不要盲目止泻。
· 腹泻判断标准：大便明显变稀、排便次数明显增加。
· 宝宝腹泻期间，要特别注意预防脱水。

腹泻是身体对肠道内的病毒、细菌或不耐受的食物排出的过程，属于肠道自我保护的一种表现，所以不要盲目止泻。

判断宝宝是否腹泻，家长主要观察两个指标：一是大便性状，二是排便频率。如果大便明显变稀，排便次数明显增加，基本可以断定宝宝腹泻了。

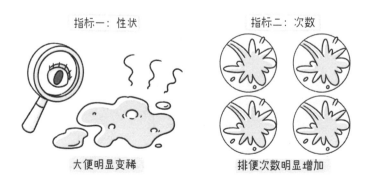

指标一：性状

大便明显变稀

指标二：次数

排便次数明显增加

引起腹泻的原因很多，比如宝宝一直习惯吃温热的食物，突然吃大量凉的食物就可能腹泻。不过更为常见的情况是肠道感染，其中以病毒感染居多。

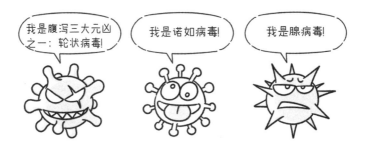

宝宝腹泻时，最重要的是预防脱水。如果孩子 4 个小时之内没有排尿，并且舌头上出现毛刺，看起来口干舌燥，很可能是脱水了。

补水时，可以少量多次给宝宝喝口服补液盐。如果已经添加辅食，还可以喝稀释的纯苹果汁。

不管哪种原因引起的腹泻，都会造成小肠黏膜损伤，所以家长要注意继发的乳糖不耐受性腹泻，这种情况可以在宝宝的饮食中添加乳糖酶。

如果需要取便样化验，家长可以用保鲜膜盖在宝宝的肛门上，宝宝排便后把沾有大便的保鲜膜放进干净塑料盒，或者包在更大的保鲜膜中，及时送检。

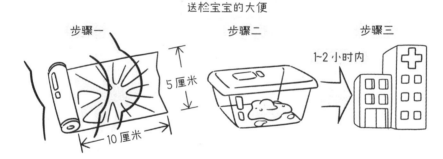

送检宝宝的大便

当宝宝出现以下任何一种情况时，家长应及时带宝宝去医院，以免延误病情。

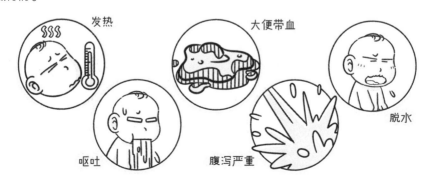

· 胃食管反流分为生理性和病理性两种,要注意区分。
· 患胃食管反流病的宝宝,反流会出现得极其频繁。
· 如果宝宝经常呕吐,且有哭闹、拒食表现,应及时就医。

胃食管反流分为生理性和病理性两种。生理性反流比如溢奶,通常与宝宝胃部的解剖特点和发育程度有关,随着宝宝长大会自行消失,不会损伤食管黏膜。

生理性胃食管反流

出生头几个月的时候总溢奶。

大一些不知不觉就好了。

病理性的胃食管反流是指胃或十二指肠的内容物反流进食管甚至口咽部,损伤食管黏膜甚至口咽及气道黏膜的一种疾病,引发原因多样,比如食管下端括约肌功能障碍、组织结构异常等。

病理性胃食管反流

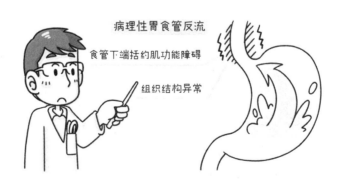

食管下端括约肌功能障碍

组织结构异常

患有胃食管反流病的宝宝，反流会出现得极为频繁，且持续时间较长，常伴有食管炎等并发症，如不及时干预，会影响正常的生长发育。

胃食管反流病的征兆有：

当宝宝出现以下情况之一，应及时就医：

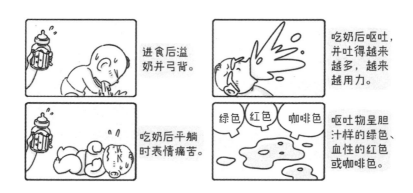

宝宝出现便血，这可怎么办？

知识点

· 宝宝便血的原因通常有食物过敏、肛裂。
· 根据便血的情况可以初步判断出血位置。
· 食物过敏引发的便血，首先是回避过敏原，肛裂则要对症治疗。

　　宝宝大便带血，大便颜色可呈鲜红、暗红、紫红或黑色，有时血与大便分离，有时与大便混合，有时覆盖在大便表面。需要明确的是，便血只是一种症状，而非疾病。宝宝便血的原因通常有两种：食物过敏、肛裂。

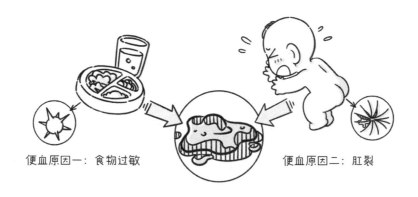

便血原因一：食物过敏　　　　　　　　便血原因二：肛裂

　　食物过敏尤其是牛奶蛋白过敏，会损伤宝宝肠道，从而出现便血。

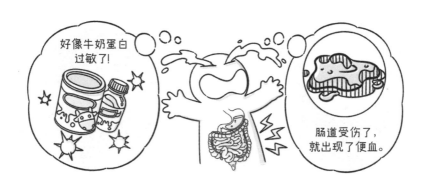

好像牛奶蛋白过敏了！

肠道受伤了，就出现了便血。

肛裂是因为宝宝的肛门括约肌发育尚未成熟，比较僵硬，加上肠道中的气比较多，一旦排便用力过大，就有可能撑出裂口，导致便血。

发现宝宝便中带血，可以先通过以下三个步骤初步判断：

第一步，观察血、便是否混合，初步判断出血位置。如果血液与大便是混合的，表示出血来自肠道，很可能和食物过敏相关；如果血液与大便分离，则可能是肛裂。

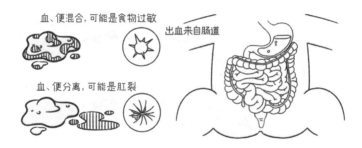

第二步，观察血便颜色，进一步判断出血位置。如果大便呈暗红色、紫红色甚至黑色，很可能是消化道出血。也有极少数情况，比如胃或小肠大量出血时，大便会呈现红褐色，或类似番茄酱的颜色。肛裂出血，大便通常是鲜红色。

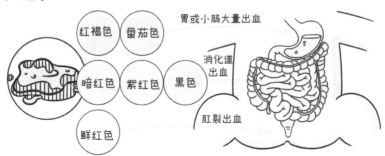

第三步，检查肛门，确认是否出现肛裂。可以用手扒开宝宝的肛门，拿手电筒照一下，如果看到肛门处有类似锥形的皮肤裂口，则可以确定是肛裂，裂口处还可能会渗血。

如果初步判定宝宝是肠道出血，一定要及时就医。如果检查肛门后没有找到裂口，或者宝宝肛门持续出血，也不要犹豫，赶紧去医院。

针对食物过敏引发的便血，首先要做的是回避过敏原。如果是肛裂，则要对症治疗，比如肠胀气引起的肛裂，需遵医嘱帮助宝宝排气，促进肠道蠕动；如果排便困难，则可能是便秘，可使用开塞露给宝宝通便，并注意日常生活中多补充膳食纤维。

缓解肛裂可用黄连素水热敷。

黄连
素片

200~300
毫升温水

①准备一片黄连素片，200 ～ 300 毫升温水（约一纸杯）。

②用温水将黄连素片化开。

③用黄连素水将纱布打湿，夹在宝宝肛门处，热敷肛裂伤口。

1天

1次

15分钟

④一天热敷一次，一次 15 分钟。

发现宝宝肛裂一定要及时治疗，以免护理不及时刺激肛门出现组织增生，长出痔疮。另外，肛裂时千万不要用湿纸巾擦拭裂口，可以在肛门处涂抹凡士林膏，润滑肛周皮肤，帮助宝宝排便。

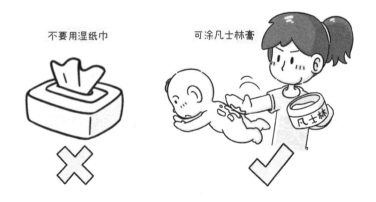

不要用湿纸巾

可涂凡士林膏

呕吐主要分为两种：生理性呕吐和病理性呕吐。生理性呕吐通常指生理性的胃食管反流，多发于儿童。病理性呕吐多数与胃部受到刺激（如食物不耐受、食物过敏）或病毒感染有关。

宝宝呕吐后，家长可以根据表现初步判断原因。如果是在进食某种食物后短时间内出现呕吐，就要考虑是食物不耐受或食物过敏引起的。

病毒性胃肠炎最初会有比较明显的感冒症状，比如咳嗽、流鼻涕等，之后开始呕吐，进而出现腹泻，严重时还会伴有发热。

不管是生理性呕吐还是病理性呕吐，只要存在以下任一情形，都要及时就医：

呕吐的原因不同，护理的方式也有所区别。如果是胃部受到刺激导致的呕吐，就要积极查找过敏原或不耐受的食物，并严格避开这种食物。

如果呕吐是病毒性胃肠炎引发的，可以按照"少刺激、多观察"的原则进行护理。

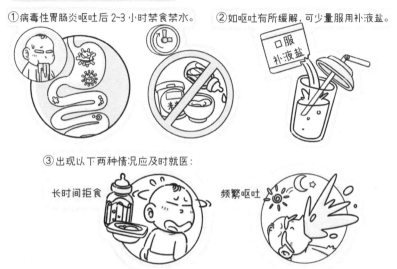

病毒性胃肠炎引发呕吐的护理方法

① 病毒性胃肠炎呕吐后 2~3 小时禁食禁水。

② 如呕吐有所缓解，可少量服用补液盐。

口服补液盐

③ 出现以下两种情况应及时就医：

长时间拒食　　频繁呕吐

如果病毒性胃肠炎引起的呕吐比较严重，医生会根据宝宝的情况使用开塞露促使排便，以排出病毒，缓解呕吐。

呕吐严重，就用开塞露让宝宝排便。

宝宝拉了灰白色大便，是胆道闭锁吗？

...

・患先天性胆道闭锁的宝宝出生时大多并无异常，随着病情发展会慢慢地显现出症状。
・先天性胆道闭锁如能早发现、早诊断、早治疗，就有可能延长生存时间。
・新生宝宝排出灰白色大便,应警惕是否患有先天性胆道闭锁。

知识点

先天性胆道闭锁是一种胆管闭塞性疾病，在胎儿期无法诊断，临床表现为灰白色大便、黄疸、尿色加深等。

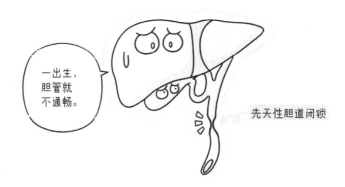

一出生，胆管就不通畅。

先天性胆道闭锁

宝宝出生后，如果排出的大便呈灰白色，家长应警惕宝宝是否患上了先天性胆道闭锁，及时请医生检查，做到早发现、早治疗。

不好!是灰白色大便,赶紧去医院!

患先天性胆道闭锁的宝宝出生时大多并无异常，大便色泽正常。但随着病情发展，会慢慢地显现出症状，包括生后 2~3 周内出现黄疸，大便颜色逐渐变浅，呈陶土样灰白色。

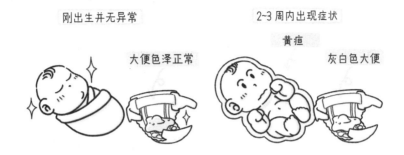

先天性胆道闭锁如能早发现、早诊断，经过治疗有可能提高患儿生存期；如果不及时治疗，会引起肝硬化，最终发生肝功能衰竭，只能通过肝脏移植手术挽救生命。

宝宝肠绞痛怎么护理？

> 知识点
> ・肠绞痛在新生儿中很常见。
> ・按摩腹部、趴卧、飞机抱、吮吸安抚奶嘴等可以缓解肠绞痛。
> ・在医生指导下使用益生菌和消气药物，也可以缓解肠绞痛。

一般情况下，3个月以内的健康宝宝，每天频繁哭闹、烦躁不安至少3个小时，每周至少3天，且持续至少1周，如果排除其他病理性因素，基本可以判定为肠绞痛。

要判断是否肠绞痛，还需要综合其他症状，比如夜间经常突然哭闹，平时肚子咕噜咕噜地胀气、排气，经常打嗝，还会吐奶。

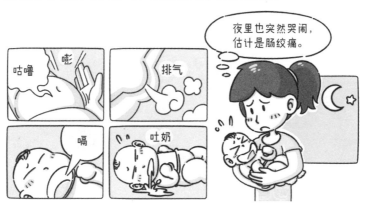

肠绞痛其实在新生儿中很常见，发生原因还没有明确，大多认为与宝宝肠道发育不完善有关，一般不会造成严重损伤，随着宝宝生长发育会逐渐减轻并消失。宝宝发生肠绞痛，家长可以采取一些办法缓解宝宝不适。

缓解宝宝不适，可以按摩宝宝腹部。按摩时，家长一手托起宝宝双脚，用另一只手的中间三指围绕宝宝肚脐按顺时针方向揉。

如果有家长看护，让宝宝趴卧也会在一定程度上缓解肠绞痛；家长还可以采用飞机抱的方式抱着宝宝。

让宝宝吮吸安抚奶嘴，也有利于减轻肠绞痛。

此外，减少灯光、气味、声音等刺激，确保环境温度舒适，同时家长发出"shishi"的白噪声，也有助于缓解宝宝不适。

如果实在无法缓解，可以在医生指导下使用益生菌和消气药物，这也能在一定程度上缓解肠绞痛。

第六部分

呼吸道

呼吸道也是需要家长重点关注的，尤其换季时期，呼吸道疾病频发。咳嗽、哮喘怎么办？支气管炎、肺炎、感冒怎么护理？……与呼吸道疾病有关的知识，请仔细阅读这一部分。

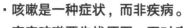
> · 咳嗽是一种症状，而非疾病。
> · 宝宝咳嗽要先找原因，再对症治疗。
> · 病菌感染引起的咳嗽，可多喝水、雾化、拍背缓解。
> · 肺炎可能会引起咳嗽，但咳嗽并不会导致肺炎。

咳嗽本身并不是疾病，而是人体受到病菌、过敏原、异物等刺激后的正常反应，是人体自我保护的一种方式。

小于 2 月龄的宝宝咳嗽，应马上就医；大于 2 月龄的宝宝，如果咳嗽时伴有呼吸困难、咽喉痛、头痛、发热、进食困难、睡眠质量严重下降，或出现喘鸣、呕吐及皮肤青紫等，也应马上就医。

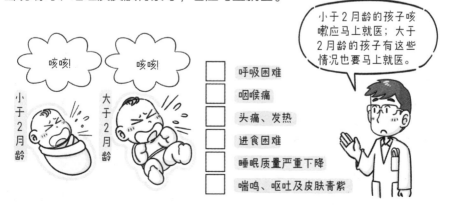

如果是病毒或细菌感染引起的咳嗽，除了对因治疗，还要排出分泌物以缓解症状。如果是鼻分泌物刺激引起的咳嗽，可遵医嘱使用抑制鼻分泌物的药物;如果是下呼吸道受到刺激引起的,需要将痰液稀释后帮宝宝拍背咳出来。

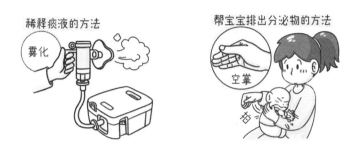

如果咳嗽是过敏导致的，一定要首先排查过敏原，锁定后避免接触。如果家长自己无法判断过敏原，要到医院寻求专业医生的帮助。

需要提醒的是，咳嗽并不会转成肺炎，咳嗽是肺炎等呼吸道疾病的症状之一，肺炎可能会引起咳嗽，但咳嗽并不一定是肺炎导致的，也可能是其他疾病引起的。

宝宝出现哮喘，怎么办？

知识点

· 哮喘主要和过敏有关，要注意回避过敏原。
· 症状轻微的哮喘无须就医，保证每天补充足够液体。
· 如果宝宝有明显的痰音，家长要注意帮助排痰。
· 宝宝病情稳定后，可用吸气训练帮助增强肺功能。

哮喘主要和过敏，特别是吸入物的过敏有关系，属于一种慢性的炎症。常见的症状包括反复发作的喘息、咳嗽、气促和胸闷。

一般哮喘发作时，宝宝会发出吹哨子一样的喘息声，呼吸比较困难，气息急促。症状严重时则可能没有哨子声，但宝宝会出现口唇青紫，锁骨、肋骨凹陷。

如果宝宝出现下面任何一种情况，就要及时带他去看医生。

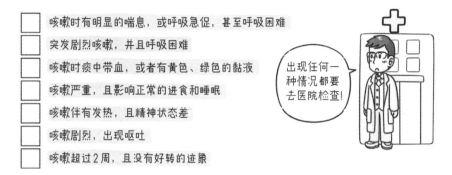

- 咳嗽时有明显的喘息，或呼吸急促，甚至呼吸困难
- 突发剧烈咳嗽，并且呼吸困难
- 咳嗽时痰中带血，或者有黄色、绿色的黏液
- 咳嗽严重，且影响正常的进食和睡眠
- 咳嗽伴有发热，且精神状态差
- 咳嗽剧烈，出现呕吐
- 咳嗽超过2周，且没有好转的迹象

出现任何一种情况都要去医院检查!

如果宝宝虽然有咳嗽等症状，但是精神状态很好，一般不需要看医生，不过要保证每天补充足够的液体。如果宝宝有明显的痰音，要注意排痰。

精神还不错，多喝点儿水吧。

有痰音，赶紧排痰。

诱发哮喘的主要原因是过敏，家长要注意查找疑似过敏原，可以用表格记录的方式排查。

时间	食物	地点	是否过敏
			✗
			✗
			✓

做好记录，排查过敏原。

当宝宝病情稳定后，可以做吸气训练帮助增强肺功能。这种训练在急性哮喘发作时能起到一定的积极作用。

准备工具：
①一根吸管　②若干个乒乓球　③两个较大的容器

在一个容器里放进乒乓球，让宝宝在规定时间内用吸管把乒乓球吸起，移到另一个容器里，可以根据宝宝肺活量增减乒乓球个数、调整容器间的距离。

吸住乒乓球，移到另一个容器里。看看宝宝能完成几个。

运动可能会诱发哮喘，但并不是所有哮喘都因运动而起。所以即便宝宝患有哮喘，家长也要遵医嘱让宝宝适度运动，锻炼肺功能。

适当运动运动，哮喘很少再犯。

- 小儿支气管炎是常见的急性上呼吸道感染。
- 医生会结合化验结果,判断是病毒还是细菌感染。
- 如是病毒感染,只需注意退热和排痰。
- 如是细菌或支原体感染,需遵医嘱使用抗生素。

知识点

小儿支气管炎是常见的急性上呼吸道感染,典型症状包括流鼻涕、打喷嚏,有时候还可能会发热、咳嗽。宝宝起初咳嗽时没有痰,之后慢慢出现痰液,夜间咳得比较厉害。

从症状上很难区分究竟是病毒还是细菌感染引起的,需要医生结合咽拭子、痰培养结果做出判断。

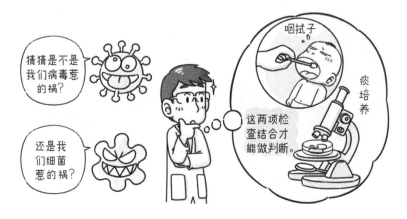

如果是细菌或支原体感染，医生通常会使用抗生素治疗；如果是病毒感染，只需要对症护理，如退热和排痰。

帮助宝宝排痰，可以先遵医嘱使用雾化的方法湿润咽部分泌物，然后用空掌叩击宝宝的后背，助其把痰排出来。

当宝宝有下面一种或多种表现时，家长要及时带宝宝去医院。

小儿肺炎是婴幼儿常见的呼吸道疾病，是由细菌、病毒等病原体感染所引起的肺部炎症，高发于冬春季节，可通过飞沫传播。先天性呼吸道和肺部发育异常的宝宝，患肺炎的可能性更高。

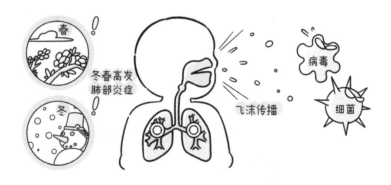

肺炎通常会引起发热，并伴有出汗、寒战、头痛、全身肌肉酸软、咳嗽咳痰。宝宝往往会食欲不振，精神状态也会受到影响。年龄较小的宝宝看起来面色苍白，哭闹频繁。

严重的肺炎除了发热以外，还有快速且费力地呼吸、肋骨和胸骨之间及周围皮肤内陷、鼻翼翕动、咳嗽或深呼吸时胸部疼痛、喘鸣、嘴唇和甲床青紫等症状。

出现上述症状，家长应立即带宝宝就医。医生会根据宝宝的症状，综合检查结果，诊断宝宝是否患了肺炎，并评估病情的程度，对症治疗。

如果诊断是病毒性肺炎，并且宝宝没有发热、精神好、咳嗽不影响睡眠，应注意关注宝宝的体温变化，通常休息几天病情就会有所好转，但咳嗽可能会持续几周。

病毒性肺炎不建议盲目给宝宝使用止咳药，因为咳嗽其实是身体的一种自我防护机制，有助于排出呼吸道中由感染引起的过多分泌物，单纯止咳反而会导致分泌物在体内留存时间过长，对身体造成更大的伤害。

如果确诊肺炎是细菌引起的，通常会使用抗生素治疗。家长要严格遵医嘱，按时按量用够疗程，切不可在症状稍有缓解时擅自停药。

通常情况下，只要积极配合治疗，绝大多数肺炎都能较快痊愈，不会留有后遗症。需要提醒的是，接种疫苗可以有效降低感染肺炎的风险。

感冒该如何治疗?

· 感冒通常分为普通感冒和流行性感冒。
· 流行性感冒比普通感冒更严重，持续时间更长。
· 多数情况下，患感冒后无须使用药物治疗。

感冒通常分为两种：普通感冒、流行性感冒。一般情况下，感冒会在 3~5 天内急性发作，整个病程持续 5~7 天。

普通感冒发病初期常常在鼻咽部出现炎症，表现为喉咙痛、流鼻涕、鼻塞、打喷嚏、咳嗽等，有时也会伴有发热。

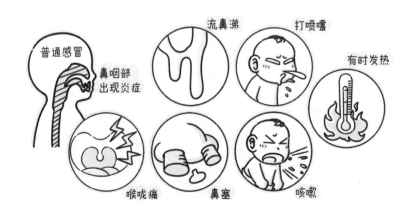

流行性感冒是由流感病毒导致的呼吸道传染性疾病，发病初期往往会出现比较严重的发热、疲劳、头痛、喉咙痛、肌肉痛、咳嗽、鼻塞和流鼻涕等症状，有时还伴随腹泻等不良反应。和普通感冒相比，流行性感冒病情更严重，持续时间更长。

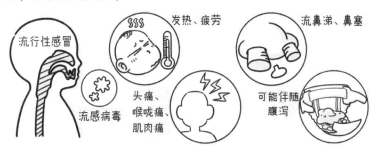

流行性感冒传染性很强，主要通过飞沫传播。预防的有效手段是接种流感疫苗，6 个月以上的宝宝均建议接种。接种时间为每年 10 月到次年 3、4 月份，每年都要接种。

多数情况下，患感冒后无须使用药物治疗。但宝宝出现以下任何一种情况，要及时就医：

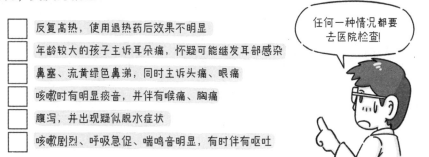

☐ 反复高热，使用退热药后效果不明显
☐ 年龄较大的孩子主诉耳朵痛，怀疑可能继发耳部感染
☐ 鼻塞、流黄绿色鼻涕，同时主诉头痛、眼痛
☐ 咳嗽时有明显痰音，并伴有喉痛、胸痛
☐ 腹泻，并出现疑似脱水症状
☐ 咳嗽剧烈、呼吸急促、喘鸣音明显，有时伴有呕吐

第七部分

骨骼系统
常见问题

骨骼系统问题也是家长在养育中需要多关注的。X形腿、O形腿怎么办？髋关节发育不良怎么办？扁平足会影响宝宝站立吗？你关注的问题，这里都有解答！

· 2 岁以内的宝宝，双腿略有弯曲很常见。
· 避免 O 形腿，不要架着宝宝在家长腿上蹦跳，不要过早练习站。

刚出生的宝宝小腿会弯曲，两腿呈 O 形，因为在妈妈肚子里空间所限，双腿只能弯曲。出生后，会惯性保持这种姿势一段时间。

因为空间不够，所以只能弯曲着双腿。

通常这种弯曲发生在 2 岁以内，以 18 个月时表现最明显。因此，家长发现这一月龄段的宝宝两腿出现对称的弯曲，一般无须过于担心。

怎么一出生就是罗圈腿呢？

等我长大一点儿就好啦。

宝宝放松平躺的状态下，如果膝关节外翻，与髋关节、踝关节不在一条水平线上，双脚并拢时两膝相距大于 6 厘米，两腿呈 O 形，这种情况就是 O 形腿，需要遵医嘱进行矫正。

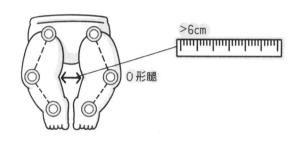

原则上，如果膝关节距离在 3 厘米以内，一般代表双腿发育正常；如果在 3~6 厘米之间，需要密切关注。

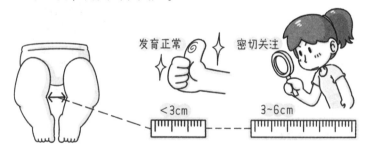

出现 O 形腿与不当养育有关，比如架着宝宝在家长腿上蹦跳、过早让宝宝练习站等，这些情况会使宝宝下肢负重过大，造成膝关节变形。

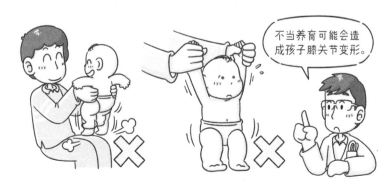

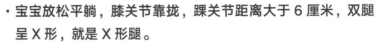

宝宝 X 形腿怎么治疗？

> **知识点**
> · 宝宝放松平躺，膝关节靠拢，踝关节距离大于 6 厘米，双腿呈 X 形，就是 X 形腿。
> · 踝关节距离在 3~6 厘米之间，可以密切观察。
> · X 形腿的治疗方式包括使用矫正鞋垫、矫具和手术等。

宝宝出生几个月或一年后，细心的家长可能会发现宝宝的腿 "变形" 了，从原来的 O 形发展成了 X 形。别担心，一般来说这是正常的，随着宝宝长大会逐渐改善。

X 形腿的判断方法与 O 形腿类似。让宝宝放松平躺，膝关节靠拢，两侧踝关节的距离大于 6 厘米，双腿呈 X 形，就是 X 形腿。

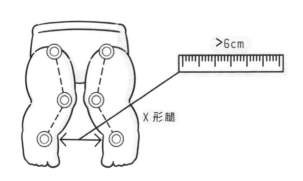

如果踝关节距离在 3~6 厘米之间，可以密切观察。若一段时间后没有改善或者间距变大，应及时就医，在医生指导下矫正治疗。

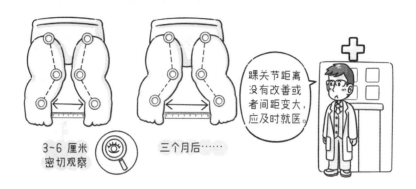

如果宝宝 X 形腿程度较轻，可以使用内侧偏高、外侧偏低的矫正鞋垫，通过调整膝关节的着力点，改善膝关节发育。

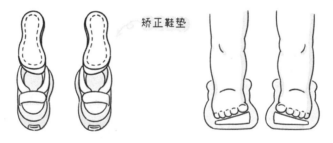

如果宝宝 X 形腿程度比较严重，通常要用到矫具，在宝宝睡觉时将矫具套在腿上，借用外力将腿"掰"直。如果 X 形腿很严重，或使用矫正鞋垫和矫具很长时间都没有效果，就要手术治疗。

117

> · 婴儿髋关节发育不良很常见。
> · 轻度发育不良可使用模具矫正，如果矫正效果不好，可考虑手术治疗。
> · 宝宝出生后几个月内，都要密切关注髋关节发育情况。

知识点

婴儿发育过程中，髋关节发育不良是比较常见的。髋关节由股骨头与髋臼构成，属于球窝关节。正常情况下，髋臼和股骨头所处的位置是刚好合适的。

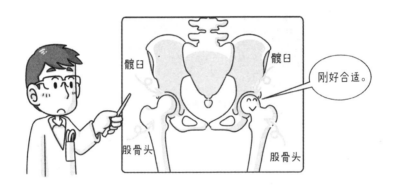

髋关节发育不良有两种情形：一种是髋臼的窝比较浅，不能完全包裹住球状的股骨头，股骨头很容易滑出；另一种是股骨头脱位，也就是股骨头在髋臼的窝外。

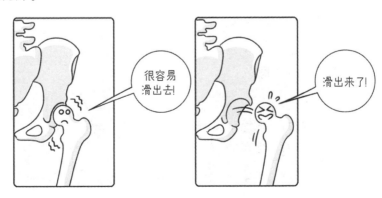

新生儿 42 天体检时，医生会检查宝宝的髋关节，如果怀疑发育不良，会建议进一步检查并进行矫正。

根据髋关节发育不良的程度，采取的矫正方式也不同。轻度的髋关节发育不良，可以在纸尿裤外再套一个更大号的纸尿裤，或者穿戴专业模具，使宝宝的腿形成适宜的、轻度外展的角度。如果没有明显改善，可以咨询医生是否需要通过手术治疗。

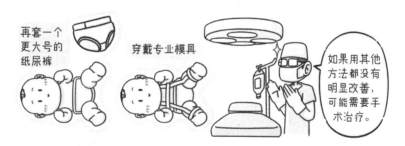

这里需要提醒家长注意，在宝宝出生后几个月内，都要密切关注髋关节发育情况。通常在宝宝满 6 个月时，髋关节发育没有异常，才能说明发育是正常的。

没有足弓会影响宝宝站立吗？

足弓又叫脚弓，也就是脚底内侧向上凸起的部位，有个 C 形的弧度，其作用是使脚具有弹性，支撑人体行走。如果足弓低平或消失，脚底比较平坦，医学上称为扁平足，也叫平足症。

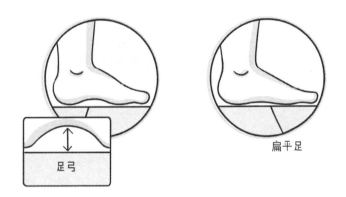

足弓

扁平足

当宝宝开始学习站立时，家长可能会发现，宝宝肉肉的小脚丫好像没有足弓，担心是不是扁平足，会不会影响走路。其实，足弓并非出生就有，而是随着生长发育逐渐形成的。

没有足弓？

不要担心，随着生长发育，足弓会逐渐形成。

宝宝 2 岁左右足弓开始形成，4~5 岁发育为类似成人的足弓。小宝宝脚底的脂肪垫比较厚，因此足弓看起来不明显，足底显得扁平，尤其是站立时。当宝宝双脚悬空时，足弓就会相对明显一些。

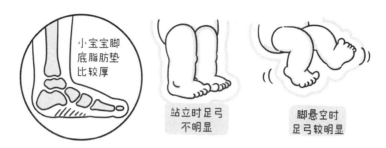

大部分足弓扁平都能自行改善，不需要特殊治疗。即使是扁平足，通常也不会导致严重的行走障碍。选择有足弓的鞋子会让宝宝行走起来更舒服。

需要提醒的是，如果宝宝的脚、脚踝、膝盖疼痛，走路姿势异常，不愿意走路或跑步等，家长应及时带宝宝就医，排查原因，必要时进行矫正。

知识点
· 髋关节一过性滑膜炎可能与感染、外伤、过敏有关。
· 大多数髋关节一过性滑膜炎会自愈,骨骼不会出现病变。
· 康复期间,孩子最好卧床休息,避免下肢负重。

髋关节一过性滑膜炎是髋关节内壁发生的一种炎症,在 2~10 岁的孩子中比较常见,可能与病毒或细菌感染、外伤和过敏反应等因素有关。

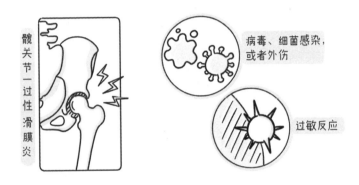

很多患髋关节一过性滑膜炎的孩子,都在 1~2 周内有上呼吸道感染、中耳炎等。大多数髋关节一过性滑膜炎会自愈,骨骼不会出现病变。

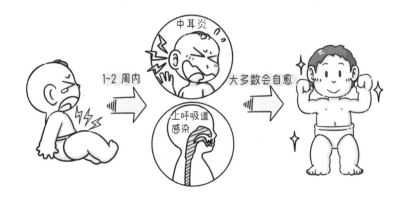

如果孩子说单侧髋关节、腹股沟、大腿中部、膝关节附近疼，很难蹲下，或者没有外伤却走路一瘸一拐，痛处没有明显红肿，腿外形也没有明显变化，可能是患上了髋关节一过性滑膜炎。

家长如果怀疑孩子患此病，需要及时就医，请医生判断。这种病的康复周期要 3~14 天，确诊后 2 周左右应再复查一次。

康复期间，孩子最好卧床休息，避免下肢负重。如果疼痛严重，医生可能会建议服用抗炎药物，加快痊愈。

第八部分

免疫力

宝宝的免疫力是所有家长都关心的问题，那么免疫力到底是什么？怎么才能保护宝宝的免疫力？抗生素、消毒剂、接种疫苗与免疫力又有什么关联？看这里！

知识点

· 免疫力是人体抵抗外界侵袭的能力，并非越高越好。
· 真正"好"的免疫力，是免疫系统处在平衡的状态。
· 免疫力分先天性免疫和获得性免疫两种。

通俗地讲，免疫力是人体抵抗外界侵袭的能力。它的作用并非让人不得病，而是在得病后迅速通过自身能力控制病情，并尽快康复。所以，家长都希望孩子免疫力高，身体强壮。

免疫力并不是越高越好。这是因为，当人体免疫力过高时，免疫系统反应过度，会"草木皆兵"，分不清"敌友"，导致人体处于高度敏感状态，引发过敏、自体免疫性疾病等。

真正"好"的免疫力，是免疫系统处在平衡的状态，身体有稳定的自我调节能力。按照获得方式的不同，免疫力可以分为先天性免疫和获得性免疫两种。

先天性免疫是与生俱来的，主要通过皮肤黏膜屏障和体内屏障发挥作用。其中，皮肤黏膜屏障是人体阻挡外来病原体入侵的第一道防线，可以分为物理屏障、化学屏障和微生物屏障三种。

皮肤黏膜屏障

①物理屏障是皮肤黏膜本身。

②化学屏障指的是皮肤和黏膜分泌物中含有多种杀菌、抑菌物质，能够抵抗病原体感染，比如皮脂呈弱酸性，可以抑制和杀灭皮肤表面的细菌。

③微生物屏障就是那些集聚在皮肤和黏膜表面的正常菌群。

体内屏障是指病原体进入血液循环后，人体内的软脑膜、胶质膜等组织和子宫内膜可以作为第二道屏障。软脑膜等组织可以阻止病原体进入人体中枢神经系统，而子宫内膜则可以防止病原体等进入胎儿体内。

获得性免疫是通过外界刺激形成的，途径有两个：一是通过感染病菌也就是生病，刺激免疫系统获得免疫力；二是预防接种，通过接种疫苗模拟生病的过程，训练身体抵抗疾病的能力。

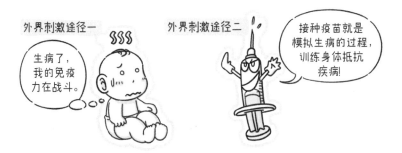

保障孩子的免疫力，打疫苗这一步千万不要省。同时，以正确的心态对待孩子生病这件事也很重要，孩子的免疫力会在一次次对抗病原体的过程中被激发，并逐渐成熟和强大起来。

·人体是在与病菌不断的斗争过程中增强抵抗力的。
·消毒剂会杀死肠道中的益生菌，打破肠道菌群平衡。
·杜绝滥用消毒剂，干燥是最好的消毒剂。

家长都希望孩子免疫力好、身体棒，常常把周围的环境、孩子的用具弄得干干净净，恨不得每天都用消毒剂擦一遍。

其实，这样做反而不利于增强孩子的免疫力。因为人体是在与病菌不断的斗争过程中增强抵抗力的，只有身体和细菌、病毒适当接触，才能刺激免疫系统，使其不断完善、成熟。

肠道是人体最大的免疫器官，其中的细菌多达 300~500 种，每种细菌的数量更是数不胜数。想要提高孩子的抵抗力，维持肠道菌群的平衡至关重要。

滥用消毒剂，给孩子营造无菌环境，不仅扼杀了增强抵抗力的机会，残留的消毒成分还可能被孩子吃进肚子里，杀死肠道中的益生菌，破坏肠道菌群，出现腹痛、腹泻等症状，严重的还可能引起过敏。

· 抗生素只对细菌引起的疾病有效，对病毒无效。
· 抗生素必须用满疗程，切勿见好就收，而且不能中途换药。

抗生素具有杀菌抑菌作用，只对细菌引起的疾病有用，对病毒导致的疾病没有效果。因此，使用抗生素之前务必搞清楚病因，盲目使用不仅不能缓解病情，还可能破坏免疫力。

这是因为，抗生素无法分辨有害菌和有益菌，会把遇到的所有细菌都杀死或抑制，包括肠道中的正常菌群，从而破坏肠道菌群的免疫功能。

给孩子使用抗生素，一定要谨慎、谨遵医嘱。确需使用抗生素时，第一要用满疗程。这是因为，任何药物发挥作用都需要一定的时间，只有血液中的药物达到有效浓度时才能起效。

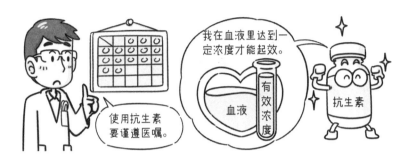

第二，不要中途换药。如果中途换药，那么新药在血液中的浓度依旧要从零开始慢慢上升，这对病情和患者身体健康都不利。所以，给药物一点儿时间才能有效果。

第三，病情好转后不要擅自停药。一方面，这可能导致病情反复，延长病程；另一方面，若此时没有完全杀死细菌，致病菌可能进入休眠状态，如果被再次激活就会产生耐药性，反而更难杀灭。

- 接种疫苗可以模拟疾病感染的过程。
- 接种后，疫苗中的抗原会刺激免疫系统产生抗体，提高人体免疫力。
- 一定要按时接种疫苗。

疫苗是将病原微生物（如细菌、病毒等）通过人工减毒、灭活或利用基因重组等方法，降低它的致病性，同时保留其免疫性的一种主动免疫生物制剂。

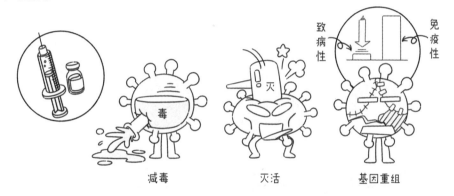

减毒　　　　　　　灭活　　　　　　　基因重组

疫苗的作用机制是模拟疾病的自然感染过程。在这个过程中，疫苗中的抗原成分会刺激免疫系统工作，使免疫系统通过一系列的作用，获得针对这种抗原的针对性免疫，并产生相应的抗体。

这样一来，等到有真正的病毒或细菌感染机体时，机体就可以快速调动已经产生的抗体来消灭它们，进而避免出现症状或极大地减轻症状。

简而言之，接种疫苗的目的是刺激人体免疫系统产生抗体，以预防严重的感染性疾病。接种疫苗之后，孩子可能会有些不舒服，但很快就会产生抗体，抵抗力也随之增强。

如果没有接种疫苗，孩子就没有相应的免疫保护，也就增加了患病的风险。所以家长一定要重视，千万不要轻易放弃给孩子免疫接种的机会。

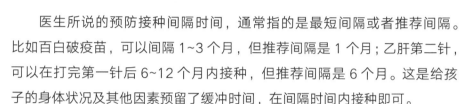

· 尽量按照推荐间隔时间接种，一旦延迟接种要及时补种。
· 接种疫苗后可能会出现不适，一定要留观 30 分钟后再回家。

　　医生所说的预防接种间隔时间，通常指的是最短间隔或者推荐间隔。比如百白破疫苗，可以间隔 1~3 个月，但推荐间隔是 1 个月；乙肝第二针，可以在打完第一针后 6~12 个月内接种，但推荐间隔是 6 个月。这是给孩子的身体状况及其他因素预留了缓冲时间，在间隔时间内接种即可。

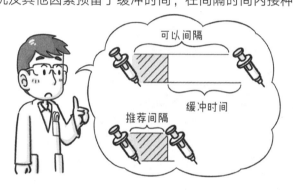

　　如果孩子从未接种过某一种疫苗，延迟接种的影响在于孩子不能更早地得到相应的保护。而对于同一种疫苗的第二针、第三针来说，延迟接种的影响则是可能不如按时接种达到的保护水平高、保护效果好、保护时间长。

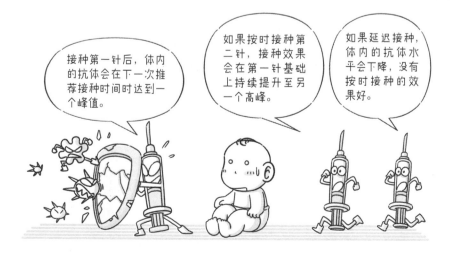

家长应尽量按照推荐间隔时间给孩子接种疫苗，但如果由于生病等原因延迟了，也不用过于担心，及时补种就可以。接种疫苗后仍然能起到保护作用。

接种疫苗后，个别孩子可能会出现一些不适。这是因为虽然疫苗已经降低了病原微生物的致病性，但其免疫性会刺激免疫系统工作。

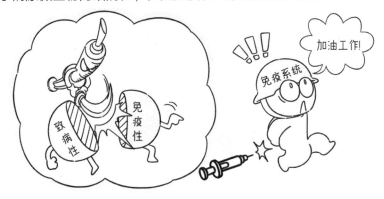

疫苗接种后的不适可分为两类。一类是一般反应，比如发热、注射部位红肿、有硬结，或者皮肤起少量疹子等。这些反应是一过性的，无须特殊处理。

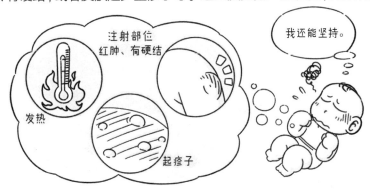

一般来说，不建议接种后 24 小时内给孩子洗澡。如果需要洗澡，可以稍微冲洗或擦洗一下，去除汗液，要避开针眼部位，并且注意保暖。也可以在打疫苗之前，先给孩子洗个澡。

接种后 24 小时内不建议洗澡。

如果孩子在接种疫苗后出现发热，并且体温超过 38.5℃，可以服用退热药物；如果局部红肿，可以先冰敷，3 天后热敷。这些反应一般 1~2 天就会消失，家长无须过于担心。

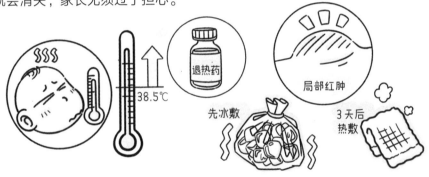

38.5℃ 退热药 局部红肿 先冰敷 3 天后热敷

还有一类不适是异常反应，一般会在疫苗接种后 20 分钟内发生，比如急性过敏。因此打完疫苗先别着急回家，一定要在医院观察 30 分钟。一旦有异常，医务人员可以采取急救措施，避免发生严重的后果。

打完疫苗别急着回家，一定要在医院观察 30 分钟。

一类疫苗和二类疫苗的区别是什么？

知识点

· 一类疫苗和二类疫苗的区别在于付费方式和赔付途径不同。
· 二类疫苗和一类疫苗同样重要，应按时接种。
· 家长可以根据家庭实际情况选择是否接种二类疫苗。

　　一类疫苗俗称免费疫苗，是纳入国家免疫规划的疫苗，由政府出钱，可以按照规定免费接种。二类疫苗俗称自费疫苗，是非免疫规划疫苗，以自费、自愿接种为原则。二者的区别在于付费方式和接种后发生异常反应获得赔付的途径不同。我国目前还不能做到全部疫苗都免费接种，因此采用了免费疫苗和自费疫苗模式区分管理。

随着国家经济发展，根据实际预防工作需要，原本一些二类疫苗会逐渐纳入一类疫苗的范畴，比如甲型肝炎疫苗、风疹疫苗。

从医学角度来讲，无论二类疫苗还是一类疫苗，都能有效预防相应的疾病，都非常重要，应按时接种。

目前二类疫苗接种率不及一类疫苗，所针对的疾病发生率也相对较高。但由于是自费的，家长可以根据家庭实际情况选择是否接种。

乙肝疫苗你了解吗?

- 预防乙肝病毒感染，接种疫苗是最有效的方法。
- 所有符合接种条件的宝宝，都要按时接种 3 剂乙肝疫苗。
- 接种疫苗后，出现局部疼痛、红肿、皮疹或发热等情况，是正常的疫苗反应。

乙肝是一种传染性疾病，由乙型肝炎病毒（HBV）引起，感染严重时可导致肝损伤、肝硬化、肝癌甚至死亡。预防乙肝病毒感染，接种疫苗是最有效的方法。

所有符合接种条件的宝宝，都要按时接种 3 剂乙肝疫苗：第 1 剂在出生后 12 小时内接种，第 2 剂在出生后 1~ 2 个月内接种，出生至少 24 周（6 个月）~ 1 年内接种第 3 剂。

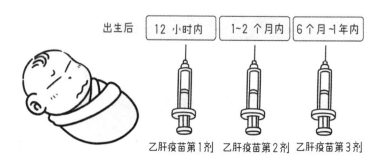

140

如果妈妈乙肝表面抗原呈阳性，新生儿出生后，在接种乙肝疫苗的同时，还需遵医嘱注射乙肝病毒免疫球蛋白，越早越好。妈妈情况不一样，免疫球蛋白注射次数不一样，可能需要注射一次或两次。

接种疫苗后，个别宝宝可能会出现局部疼痛、红肿、硬块、皮疹或发热等，这些属于正常的疫苗反应，一般不需特殊处理。如果高热持续不退或有其他异常，应尽快就医。

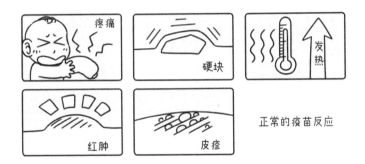

如果家庭成员患有乙肝或携带乙肝病毒，则应对接种了乙肝疫苗的宝宝进行抗体检测，通常建议在第三针后间隔一个月以上抽血检测抗体水平。

· 卡介苗可预防宝宝患结核病。
· 接种后,针眼部位会留下红色疤痕,也就是卡疤。
· 如果出生时没能及时接种,需尽快补种。

知识点

卡介苗是一种预防结核杆菌感染的疫苗,接种后可避免宝宝患结核病,特别是能防治比较严重的结核病,如结核性脑膜炎。

所有符合接种条件的新生宝宝,都要在出生后 24 小时内接种卡介苗。

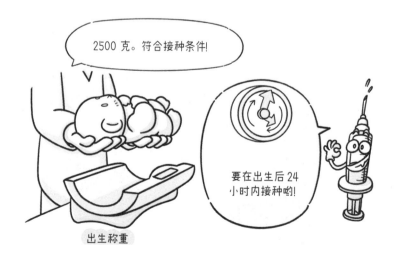

接种后 2 周左右，针眼部位可能会出现红色小疙瘩。 6~8 周后，小红包通常会形成脓疱，之后发生破溃。10~12 周左右，破溃的脓疱会愈合结痂，痂自然脱落后会留下一个红色疤痕，也就是卡疤。

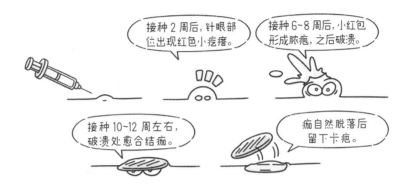

接种卡介苗后局部有脓疱或溃烂时，不必擦药或包扎。但局部要保持清洁，衣服不要穿得太紧，如有脓液流出，可用无菌纱布轻轻拭净，不要挤压，更不能人为抠掉。

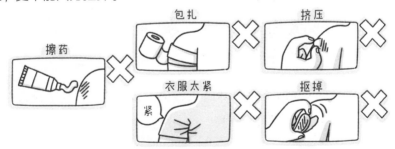

如果出生时没能及时接种，需在出生后 3 个月内进行补种。超过 3 个月还没补种，接种前需先做结核菌素皮试，如果结果呈阴性则可以补种。

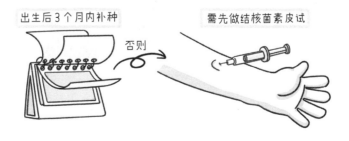

- 进口疫苗和国产疫苗都很安全、有效。
- 进口疫苗都是自费疫苗。
- 家长可以根据需要进行选择。

不管是进口疫苗还是国产疫苗，都经过了严格的检验、审核，安全性、有效性都是有保障的。因此，不能简单评判国产疫苗和进口疫苗孰好孰坏，根据需要选择即可。

进口疫苗都是自费疫苗。如果选择接种进口疫苗，那么无论这个疫苗属于一类还是二类，都需要自己付费。

另外，进口疫苗中有一些种类是国内没有的，这也给家长提供了更多选择的机会。

当然，有些疫苗只有国产的，没有进口的。这是因为，各地的免疫接种计划都是针对当地的流行病学特点制订的。

在哪里生活，就要按照哪里的免疫计划接种。如果要移居某地，家长一定要带孩子到当地的预防接种门诊咨询疫苗接种情况，并按当地要求完成后续疫苗接种。

联合疫苗好，还是单独疫苗好？

知识点

· 联合疫苗减少了添加剂成分。
· 联合疫苗的接种次数少。
· 联合疫苗大多需要自费。

和单独疫苗相比，联合疫苗有两个优点：

第一，在疫苗制剂中，除了主要成分，还有防腐剂、稳定剂等添加剂成分。如果接种单独疫苗，那么每一支疫苗制剂中都会有一份添加剂。合成一支联合疫苗后，就只有一份添加剂了。所以，联合疫苗的意义在于，在疫苗本身不冲突的情况下，减少了添加剂成分。

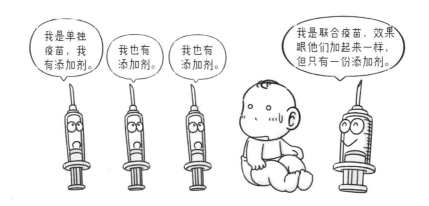

第二，打联合疫苗，孩子的接种次数也会减少，能降低多次注射给孩子带来的身心痛苦，减少接种后的不良反应等。

有些家长担心，联合疫苗比单独接种副作用大。其实，无论注射单独疫苗，还是联合疫苗，孩子打完都比较容易出现发热等不良反应。并不是说分开打，单独注射某种疫苗，孩子就不会出现不良反应了。

孩子接种疫苗后出现一些不适，并不是因为打了联合疫苗造成的，而是与联合疫苗中某种疫苗的特质有关。

我们接种的疫苗，都是来自某种疾病的病原体，比如说麻疹疫苗来源于麻疹病毒，即使病毒经过医学处理，给孩子接种后也会对他的免疫系统产生一定的刺激，从而导致一定的副作用，这是正常现象，不用过于担心。

第九部分

早产宝宝
常见问题

早产宝宝面临着比起足月宝宝更多的问题和挑战，需
要医生和家长更多的关注和护理。在这里，可以了
解一些早产知识和护理常识。

早产宝宝的心脏可能存在什么问题?

知
识
点

- 早产宝宝可能存在动脉导管未闭的心脏问题。
- 如果动脉导管开口较小,大部分可自行恢复。
- 如果动脉导管开口较大,需遵医嘱治疗。

动脉导管未完全闭合是较为常见的早产宝宝心脏问题,尤其是不足 30 周出生的宝宝,有这种问题的风险更大。

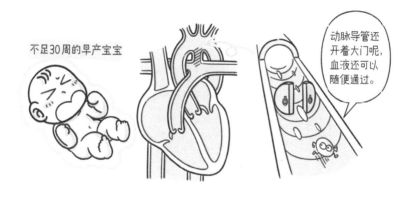

动脉导管是在胎儿心脏发育过程中生成的连接肺动脉与主动脉的管道。

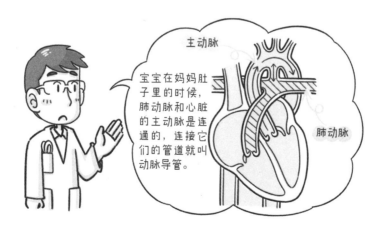

宝宝未出生时，不需用肺部呼吸，所以心脏泵出的血液会由动脉导管经肺动脉输送到主动脉。宝宝出生后，开始用肺呼吸，此时动脉导管就失去了作用，一般会在出生后两三天内闭合。

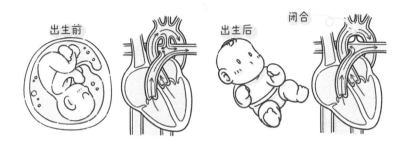

由于早产宝宝生理发育尚未成熟，动脉导管可能无法按期闭合。如果动脉导管开口较小，大部分宝宝可以慢慢发育完善，直至恢复正常。但家长一定要带宝宝定期复查，以便实时掌握心脏发育情况。

早产宝宝的视力可能存在什么问题？

早产宝宝发生视网膜病变的风险很大，尤其是胎龄不足 30 周的宝宝。这是因为，早产宝宝的视网膜尚未完全血管化，如果长时间吸氧，可能导致不可逆的视力损害，严重时甚至会失明。

通常，如果早产宝宝发生轻度的视网膜病变，绝大多数都能自行好转，不会留有后遗症，不用过于担心。如果视网膜病变较严重，一般会采取激光治疗。

　　早产宝宝出现斜视、近视的可能性也比较大。所以，早产宝宝需要定期检查眼睛，尤其是眼底筛查，直至视网膜发育完全。家长一定要积极配合，做到早发现、早干预、早治疗。

　　早产宝宝的矫正月龄到满月时，家长可以用颜色对比强烈的玩具吸引宝宝的注意力；如宝宝对此有反应，还可以用图片进行目光追视训练。

　　具体做法是：宝宝平躺时，将卡片放在宝宝面部正上方 20~40 厘米的位置，上、下、左、右缓慢地移动卡片，刺激视力发育。需要提醒的是，训练时间不宜过长、过多，初期每次几分钟，每天 1~2 次。

· 早产宝宝面临较大的听力损失风险。

· 即使通过了听力筛查，也要定期随访。

· 关注宝宝听力训练，如有异常，及时就医。

早产宝宝体内各器官及系统尚未发育完全，缺氧、缺血、药物刺激等容易对听觉中枢神经和耳部组织产生影响，导致不同程度的听力损失。

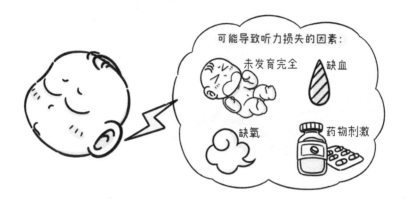

可能导致听力损失的因素：

未发育完全　缺血

缺氧　药物刺激

早产宝宝出生的胎龄越小，听力损失的风险就越大。

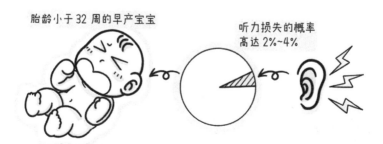

胎龄小于 32 周的早产宝宝

听力损失的概率
高达 2%~4%

一般来说，即使早产宝宝通过了最初的听力筛查，至少也要在 3 岁前，每 6 个月进行 1 次听力随访。

家长应关注宝宝的听力训练，可以在不同的方向对着宝宝说话，或者摇铃铛，观察宝宝是否有反应。通常，矫正月龄至 4 个月时，多数早产宝宝就会对声音有所反应。

如果宝宝对声音刺激没有反应，比如在嘈杂的环境中总是很安静，或者经常大吵大闹，频繁制造噪声，可能是听力异常的表现，应及时就医。

> · 早产宝宝容易贫血。
> · 出院后应定期复查，了解宝宝的贫血是否改善。
> · 添加辅食后，注意通过辅食给宝宝补铁。

早产宝宝因为提前离开母体，体内储存的铁含量会受到影响，所以容易贫血。出生胎龄越小，患缺铁性贫血的风险就越大。

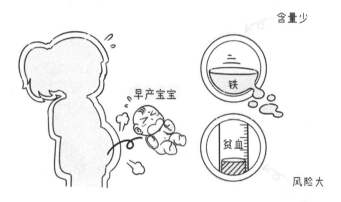

如果早产宝宝贫血比较严重，会出现面色苍白、心率较快、血压低、呼吸困难等症状，需遵医嘱及时治疗。通常采取的治疗方法是输血、补充铁剂等。

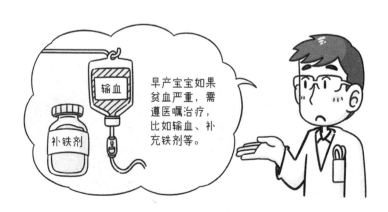

　　早产宝宝出院后，如果经专业诊断仍需口服补铁剂改善贫血，家长一定要遵医嘱按时按量给宝宝服用，并定期复查，以便及时调整治疗方案。

　　添加辅食后，注意通过辅食给宝宝补铁。第一口辅食建议选择含铁的婴儿营养米粉；红肉、动物肝脏、蛋黄等，都是含铁量丰富且容易吸收的食物，可以根据宝宝的适应情况循序渐进地添加。

　　同时，建议配合进食一些维生素 C 含量高的食物，比如橙子、西蓝花、彩椒、番茄、绿叶菜等，促进身体对铁的吸收。

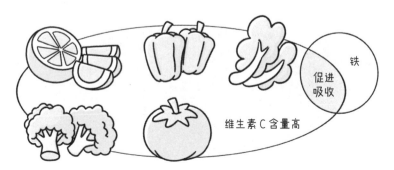

第十部分

其他常见
健康问题

宝宝在生长过程中，可能会遇到很多健康问题，家长也会面临很多疑惑，比如为什么采集足跟血、斜颈怎么判断和治疗、发热怎么办……看这里！

为什么要给新生宝宝采集足跟血？

- 足跟血筛查可以检测出多种疾病风险。
- 我国足跟血筛查免费项目包括先天性甲状腺功能减退症和苯丙酮尿症两种。
- 足跟血一般在宝宝出生后 3 天进行采集。

新生儿足跟血筛查可以检测出多种疾病风险，对宝宝的身体健康意义重大。

在我国，足跟血筛查的免费项目有先天性甲状腺功能减退症和苯丙酮尿症两种。这两种疾病在孕检中很难发现，患病早期的临床表现也不明显。

足跟血筛查后，如果确诊宝宝患有其中一种疾病，国家会提供免费治疗，治疗后宝宝智力发育基本不会受到影响，也不会影响日常生活。这两种疾病具有不可逆性，一旦延误治疗，可能会造成宝宝智力严重低下、发育迟缓、终身残疾，严重的甚至会导致新生儿死亡。

足跟血一般在宝宝出生后 3 天进行采集，最迟不宜超过出生后 20 天。这是因为，在新生儿期早发现、早诊断、早治疗，预后越好，可以避免对宝宝造成严重伤害。

> 知识点
>
> · 宝宝出生后体重减轻，大多是生理现象。
> · 排尿、排胎便、浮肿消退等，都会造成体重暂时下降。
> · 只要体重下降没有超过出生体重的 7%，就无须担心。

天哪！宝宝出生时明明是 3.3 千克，精心照顾了四天，怎么反而变成 3.1 千克了？其实，只要宝宝体重下降幅度没有超过出生体重的 7%，就不用太担心。

宝宝出生后体重为什么会下降呢？一个原因是，宝宝出生前体内储备了一定量的水分，出生后这部分水分会以尿液的形式排出，或者在宝宝吮吸母乳时慢慢消耗掉，于是体重就变轻了。

另一个原因是，宝宝出生时肚子里存了很多胎便，这些胎便会在出生后 3~4 天内基本排干净，体重自然会下降。

当然，如果宝宝出生后的几天内进奶量比较少，也可能引起体重的暂时性下降。

还有一种可能是，宝宝出生时因为体内有过多水分，或者生产时被产道挤压，面部或身体有些浮肿。2~3 天后，浮肿消退就会看起来"瘦"了。

宝宝哭闹时肚脐会突出，这是怎么了？

知识点

- 宝宝哭闹时肚脐处鼓出小包，平静后包块平复，这往往是新生儿脐疝。
- 新生儿脐疝的根本原因是宝宝腹直肌尚未完全发育。
- 多数新生儿脐疝会自愈，如果包块过大或有增大趋势，应及时就医。

有的新生儿哭闹时肚脐处会鼓出一个小包，往往哭得越厉害，包块鼓得越高，待宝宝平静放松后，包块会慢慢平复。这就是新生儿脐疝。

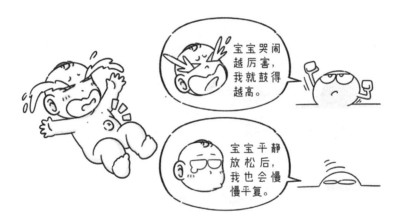

新生儿脐疝的根本原因，是宝宝腹直肌尚未完全发育，不能完全封闭肚脐，哭闹或肠胀气时腹压增高，便出现了圆形或卵圆形的包块或软囊。

新生儿脐疝一般不会给宝宝带来疼痛，也没有其他危害。个别宝宝可能会因局部膨胀感到不适。

随着宝宝发育，腹直肌会渐渐向内生长，封闭住肚脐，脐疝大多会自愈，通常不会超过 1 岁，家长不必过于担心。

但是，如果鼓出的包块过大，直径超过 2 厘米，或随着宝宝长大，脐疝有增大的趋势，应及时就医，必要时可能需要手术治疗。

· 斜颈的主要原因是一侧脖颈的胸锁乳突肌出现了挛缩。

· 宝宝是否斜颈，可以通过一看、二摸来判断。

· 轻微的斜颈可以通过按摩矫正。

斜颈又叫"歪脖子"，就是宝宝的头总是习惯歪向一侧，即便用手将其摆正，还是向这个方向歪。出现这种情况，家长要提高警惕，这有可能就是斜颈。

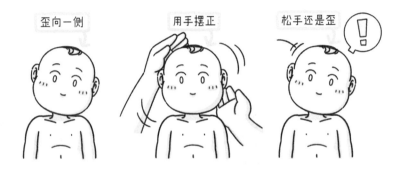

歪向一侧　　　用手摆正　　　松手还是歪

宝宝斜颈，大多是因为一侧脖颈的胸锁乳突肌出现了挛缩。胸锁乳突肌位于脖颈两侧，耳垂垂线的后方。如果两条胸锁乳突肌的松紧不一致，一边紧一边松，头看起来自然是歪的。

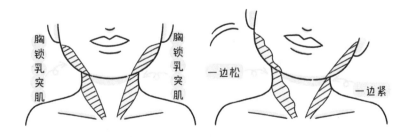

胸锁乳突肌　　胸锁乳突肌　一边松　一边紧

宝宝的两条胸锁乳突肌为什么会松紧不一呢？一种可能是助产士接生时牵拉用力不均，导致宝宝胸锁乳突肌受到了轻微的损伤。

接生时导致的……

第二种可能是胎儿较大，颈部因子宫空间限制变得歪扭，慢慢使得颈部两侧的肌肉发育不对称。

块头大导致的……

有点儿挤啊，我是不是长得太大了？

第三种可能是姿势性倾斜，也就是宝宝出生后，喂养、睡觉或互动总是固定在同一个姿势，造成一侧肌肉过分紧张，进而引发斜颈。

固定一个姿势导致的……

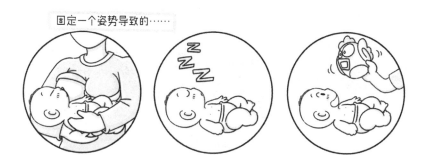

判断宝宝是否斜颈：一看。在宝宝安静时让他放松平躺，观察头部中线与身体中线是否在一条线上，如果两者之间有明显的角度，则可能存在斜颈问题。

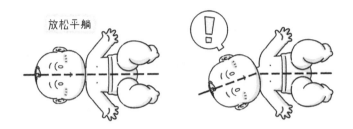

二摸。将宝宝的头摆正，用双手的食指和中指摸脖颈两侧的胸锁乳突肌，可以在相对称的一片区域内多摸几次，如果在一侧能摸到一条约 3 毫米粗的肌肉，且相对较硬，基本可以确定宝宝存在斜颈。

轻微的斜颈可以通过伸拉练习、多活动较紧一侧的胸锁乳突肌改善，比如按摩、变换睡姿、调整喂养姿势、多练习俯卧抬头等。

给宝宝按摩较紧一侧的肌肉时，按顺时针或逆时针方向都可以，但每次要固定一个方向，不能来回变换。每天至少揉 3 次，每次至少 15 分钟，只要不影响进食和睡眠，能多揉就多揉。

按摩时顺时针、逆时针都可以，但每次要固定一个方向。

按摩时要稍微用力，以下压 0.5 厘米左右比较合适，可以根据宝宝的接受度灵活调整。一般需要连续按摩 1 个月为一个周期，之后要带宝宝到医院复查，由医生决定是否变换干预方式。

按压力度以下陷 0.5 厘米左右为宜。

0.5 厘米

如果任由斜颈继续发展，很可能会导致偏头、歪头等问题，而严重的头形问题又可能导致面部发育不对称，甚至影响眼睛、耳朵等功能的发育。所以，家长对于斜颈一定要重视，要早发现、早干预。

知识点

- 当体表温度超过 37.5℃时,就可以认定为发热。
- 发热是一种症状而非疾病。
- 当体温超过 38.5℃时,需要使用退热药物。

人体的体温调节中枢很智能,会通过增加机体热量或散热,把体表温度控制在 37℃左右(体内温度则为 37.5℃)。当身体遭受某些病菌侵袭时,体温调节中枢的标准会被迫上升,从而导致发热。

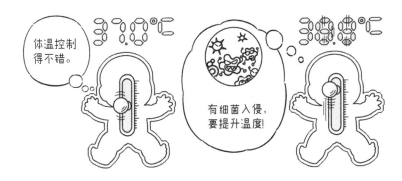

从医学角度来说,当体表温度超过 37.5℃时就可以认定为发热。多数情况下通过测量耳温、额温、腋下温获得的都是体表温度。但是,有些方法测量的并非体表温度,而是体内温度,比如口腔温和肛温。

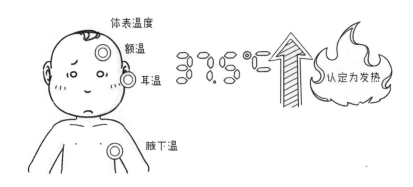

　　发热是一种症状，而非疾病，是人体的一种自动防御机制。它可以动用人体免疫功能消灭侵犯人体导致发热的病菌或异物，促进免疫系统的成熟。从这个意义上讲，发热并非完全是坏事。

　　退热主要有三种方法：治疗原发病、护理降温、药物降温。如果有原发病，需要专业医生诊断，遵医嘱进行治疗。如果孩子除了发热以外没有其他症状，可以暂时在家靠护理或药物降温。

　　护理降温时注意两个方面：一是保证水分摄入，可以让孩子少量多次饮水或液体；二是不要用捂、盖等方式发汗，这对体内热量的散发没有任何帮助。

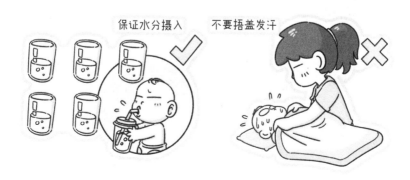

当体温超过 38.5℃时，需要使用退热药物帮助孩子降温。目前市面上常见的退热药含有的成分是对乙酰氨基酚或布洛芬，常见的药物剂型有滴剂和混悬剂两种，剂型不同，服用的剂量也有所差异。

使用药物时，注意以下几点：

退热药有最小服药间隔要求和单日服用次数限制。如果服用一种药后仍持续高热，可以换另一种退热药试试，两种药间隔 3~4 小时。

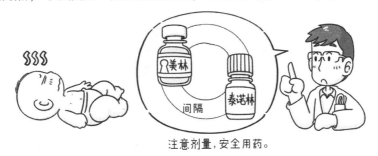

注意剂量，安全用药。

如果孩子特别排斥某种剂型，可以选择他能接受的其他剂型，比如孩子对口服药物不接受，可以选择直肠内使用的栓剂。

服用退热药后，要保证充足的水分摄入。而且，退热药只是针对退热，引起发热的原因有很多，必要时需咨询医生，对症治疗。

不满 3 个月的孩子体温超过 38℃，3 个月以上的孩子体温超过 40℃，同时伴有下列情况之一，应及时去医院：

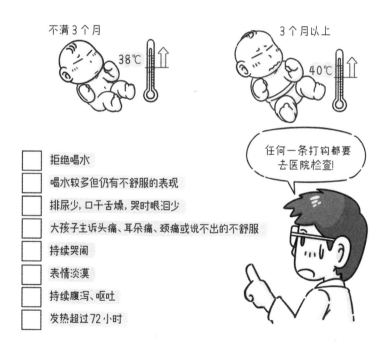

知识点
· 热性惊厥是由于高热或体温升高过快引起的。
· 掌握应对惊厥的方法很重要。
· 如果孩子有惊厥史，孩子再次发热时家长应密切关注。

热性惊厥又称高热惊厥，是由于高热或体温升高过快引起的，发病年龄集中在出生后 6 个月 ~6 岁。惊厥的主要表现为四肢抽搐，伴有眼球上翻、凝视或斜视，意识模糊；有时会出现呕吐、面色青紫、呼吸困难，甚至窒息。

出生 6 个月到 6 岁的小孩都可能是我的目标!

热性惊厥
（高热惊厥）

通常情况下，惊厥会在 2 分钟内缓解，极少数持续 5 分钟左右。惊厥结束后，孩子恢复正常呼吸，但可能会陷入嗜睡状态。

2 分钟内缓解，
极少数持续 5 分钟

一旦孩子出现惊厥，应立即拨打急救电话。因为惊厥一般不会持续太长时间，往往还没到医院就结束了，所以掌握应对惊厥的方法至关重要。可以按照下面的步骤紧急处理：

1. 检查周围环境，把孩子放在安全的平面上，比如地板上。清除可能会给孩子造成伤害的物品，便于实施急救。

把孩子放在安全的平面上

2. 检查孩子的口腔，清除口腔内的所有物品，比如安抚奶嘴、奶瓶、食物等。

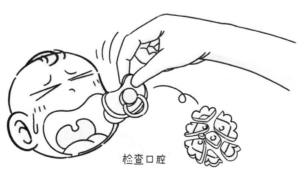

检查口腔

3. 解开孩子的上衣，使其头部转向一侧，以防孩子被呕吐物噎呛。

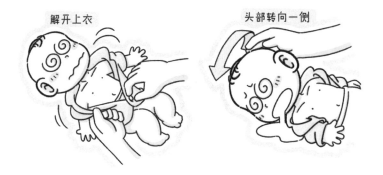

4. 适当保护孩子的身体，以防磕碰或擦伤。

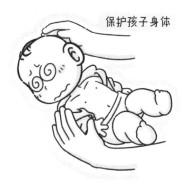

5. 拨打急救电话，请求医生帮助。

如果短时间内惊厥结束，但是孩子出现发热，应予以降温处理。如果孩子呼吸暂停，应紧急实施心肺复苏救治。关于心肺复苏的方法，详见第190页。

如果孩子有惊厥史，一旦孩子发热，家长要密切关注，要及时降温，以免体温升高过快引发热性惊厥。

惊厥频繁发作或持续发作，都是非常危急的情况，有可能危及生命或留下严重的后遗症，影响智力发育和身体健康，要立即送医。

· 新生儿脐炎主要表现为脐窝脓血、脐周软组织肿胀。
· 新生儿脐炎越早干预越好。
· 治疗新生儿脐炎，通常需要使用抗生素。

新生儿脐炎是由于断脐时或出生后脐带护理不当，脐部被细菌侵染所引起的急性炎症，主要表现为脐窝脓血、脐周软组织肿胀，可能会散发出刺鼻的臭味。

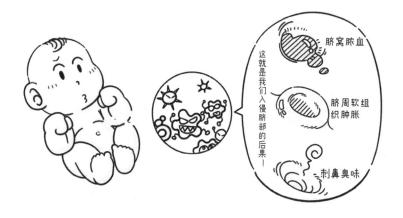

脐炎越早干预越好。如果干预不及时导致严重感染，会向肚脐周围皮肤或组织扩散，形成蜂窝组织炎。一旦感染进入血液，还可能引发败血症等更加严重的疾病。

如果孩子出现以下任何一种情况，应及时就医：

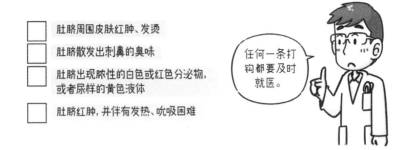

- 肚脐周围皮肤红肿、发烫
- 肚脐散发出刺鼻的臭味
- 肚脐出现脓性的白色或红色分泌物，或者尿样的黄色液体
- 肚脐红肿，并伴有发热、吮吸困难

治疗脐炎通常需要使用抗生素。轻微的脐炎只需涂抹抗生素药膏；如果脐炎比较严重，可能需要口服或静脉给抗生素治疗。遵医嘱即可。

护理肚脐要用棉签蘸取碘伏清理，并保持脐部干爽。需要提醒的是，清理脐带残端、脐带根部和脐窝时，针对不同部位要使用不同的棉签，以免交叉感染。

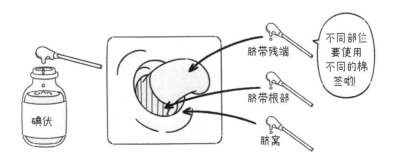

知识点

· 尿路感染的明显症状为发热，家长要与感冒区分。
· 为预防感染，为女孩清理大便应从前向后擦拭。
· 男孩出现尿路感染，应先排除尿路先天畸形。

事实上，尿路包括尿道、输尿管、膀胱和肾，尿路感染主要指尿道感染，最明显的症状是发热，常被误认为感冒，家长要多留心。

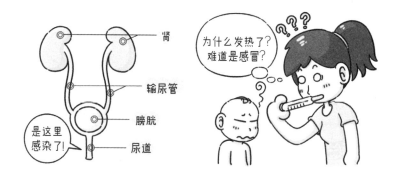

尿路感染的主要原因是孩子身体尚未发育成熟，护理不当便容易被病菌侵扰。通常，女孩更容易出现细菌逆行性尿路感染，所以为女孩清理大便时要从前向后擦拭。

尿路先天畸形也会引起尿路感染，例如输尿管、膀胱、下尿道畸形等都容易并发尿路感染。一般男孩出现尿路感染，要优先考虑排查尿路先天畸形。

先排查尿路
先天畸形。

当孩子出现下面任何一种情况时，家长要及时带孩子就医。

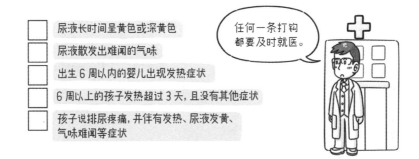

任何一条打钩
都要及时就医。

- 尿液长时间呈黄色或深黄色
- 尿液散发出难闻的气味
- 出生6周以内的婴儿出现发热症状
- 6周以上的孩子发热超过3天，且没有其他症状
- 孩子说排尿疼痛，并伴有发热、尿液发黄、气味难闻等症状

护理时，除退热外，如果医生建议使用抗生素治疗，一定要遵医嘱用满疗程。另外，特别注意要让孩子多喝水、多排尿，借此冲洗尿道，抑制细菌生长繁殖。

抗生素一定要遵
医嘱用满疗程。

抗生素

多喝水，多排尿，
冲洗尿道。

男宝宝包皮粘连怎么办？

知识点

- 3 岁以前，男宝宝包皮粘连很常见。
- 3 岁以后，最晚 10 岁之前，包皮粘连会逐渐消失。
- 如果没有包茎现象，不必过早割包皮。

包皮粘连一般指的是包皮和龟头粘在一起，很难翻动。男宝宝 3 岁以前，包皮粘连是很常见的，大多数表现为包皮过长或包茎，无须担心。

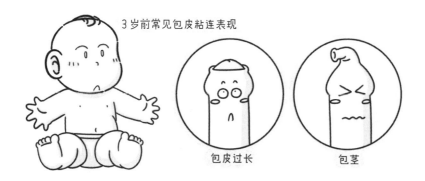

3 岁前常见包皮粘连表现

包皮过长　　　　包茎

包皮粘连是小宝宝身体的自我保护机制，包皮与龟头粘在一起没有缝隙，细菌没有可乘之机，可以保护阴茎，降低包皮感染的概率。

这是我的一种保护机制，让细菌没有可乘之机。

保护机制

通常来说，3 岁之后，最晚 10 岁之前，包皮粘连的现象就会逐渐消失。家长千万不要频繁上翻宝宝的包皮，过度清洁。每一次上翻，都可能给宝宝的阴茎造成轻度损伤，甚至引起局部肿胀，增加感染风险。

有些家长可能担心包皮过长会引发泌尿系统疾病，而选择给宝宝做包皮环切术。其实如果宝宝没有包茎现象，没有必要过早割包皮。

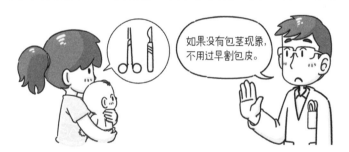

包茎是指包皮口过于狭小，将包皮上翻后，龟头和尿道口仍然不能露出来，这种情况需要考虑施行包皮环切手术。此外，如果宝宝已经出现了阴茎感染，也要及时就医，遵医嘱治疗。

宝宝有心杂音怎么办？

有些宝宝体检时可能会检查出心杂音，对此家长往往很紧张。其实心杂音大多是无害性或功能性的，是由于心脏形状不规则引起的。随着宝宝生长发育，心脏发育逐渐完善，这类心杂音就会自行消失。

当医生发现宝宝有心杂音，会记录在体检手册里，便于之后随访。如果体检医生建议或者家长有疑虑，可以带宝宝到心脏相关的专门科室就诊，详细咨询心杂音的确切类型、原因、能否自行痊愈、需要做何种检查等。

第十一部分

意外伤害
与急救方法

我们都不希望意外情况发生，但提前掌握一些应对
措施防患于未然是必要的，只希望我们都能掌握，
但永远用不到。

· 磕碰发生后，不要着急安抚，而应先观察孩子的状态。

· 如果孩子有出血，应在观察的同时立即按压止血。

· 出现瘀青的部位，3 天之内要冷敷。

通常，轻微的磕碰不会给孩子造成损伤，孩子会在家长的安抚下很快平静。如果是比较严重的撞击，家长要引起重视，留心观察孩子的状态，出现异常及时就医。

孩子坠落后磕碰，家长要静观 10 秒钟。如果孩子大声哭闹、四肢活动正常，可以抱起来安抚；如果意识不清或无法移动肢体，则要立即拨打急救电话求助。

　　如果孩子有出血，家长可在静观的同时，立即用干净纱布或纸巾按压止血，按压时间至少持续 5 分钟。止血后，小伤口可在家用清水冲洗，大伤口则需要就医。

　　如果局部出现瘀青，3 天内可以冷敷。头皮血管丰富，磕碰后小血管破裂，热敷会使血管扩张，导致出血增多，而冷敷可收缩血管，帮助受伤部位消肿。

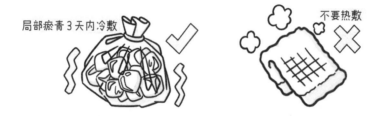

　　孩子头部被撞击磕碰后，如果出现以下任何一种情况，家长要及时带孩子就医。

- [ ] 头皮擦伤，伤口较大，且出血较多
- [ ] 哭闹严重，难以再次入睡
- [ ] 出现呕吐，且不止一次
- [ ] 嗜睡，且很难唤醒
- [ ] 受到撞击的部位肿胀严重
- [ ] 能够看到明显的颅骨凹陷或缺口
- [ ] 四肢活动受限
- [ ] 眼睛、耳朵、鼻子出现异常，如颜色变化、出血等
- [ ] 用手电照射时，瞳孔不能缩小；移开手电后，瞳孔不能放大
- [ ] 行为出现异常，反应迟钝，眼神涣散、迷茫

任何一条打钩都要及时就医。

手臂脱臼了怎么办？

知识点

· 家长用力拉拽，可能会导致孩子出现牵拉肘。
· 有病史的孩子较易复发，家长需要小心。
· 孩子出现疑似牵拉肘症状时，需及时就医。
· 医生会用复位的方式治疗，孩子很快就能自如活动。

牵拉肘是指前臂的桡骨偏离了正常位置，一般家长使劲拉拽孩子手腕、手肘，或者和孩子玩上举、摇摆游戏时用力过猛或方向有误，就可能会导致牵拉肘，也就是我们通常所说的手臂脱臼。

通常，低龄的幼儿比较容易出现牵拉肘，而且孩子只要有过一次病史，就极有可能再次复发。所以家长牵拉孩子手臂时，一定注意不要用力过猛。

出现牵拉肘时，手臂表面没有任何异常，也不会出现红肿或青紫，但手臂无法和身体紧密贴合，一直保持悬吊姿势，无论是主动还是被动活动受伤的手臂，孩子都会因为疼痛哭闹。

当孩子出现疑似牵拉肘症状时，家长应该及时带孩子就医。送医前最好不要做任何处理，只需保护好受伤的手臂。

通常，医生凭经验即可判断孩子是否为牵拉肘，确诊后会用复位方式使脱位的桡骨小头恢复到正常的位置，孩子的手臂很快就可以自由活动。如果医生无法确认，会借助 X 光片判断。

你知道怎么做心肺复苏吗?

知识点

· 呼吸停止或心跳骤停,应立即进行心肺复苏。
· 1 岁以下和 1 岁以上的孩子,心肺复苏方法有区别。

晕厥、溺水等意外发生时,只要孩子没有心跳、呼吸,就要马上为其进行心肺复苏,争取抢救时间。

没有心跳,也没有呼吸!
要赶紧做心肺复苏!

1 岁以下的婴儿:

轻拍孩子脚底,尝试唤醒他。若没有反应,则呼叫他人帮助。

1 岁以下　尝试唤醒

请帮我拨打急救电话!

让孩子仰面躺在固定的表面，比如地板上，头与心脏齐平，保持呼吸道畅通。解开孩了的衣物，检查是否有呼吸和脉搏。如果无呼吸，未摸到脉搏，即开始进行心肺复苏。

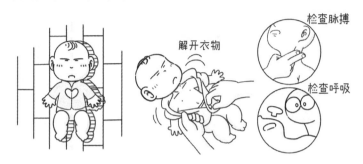

食指与中指并拢，在孩子两乳头的中心点进行胸部按压，按压深度至少为胸部厚度的 1/3，约 4 厘米。

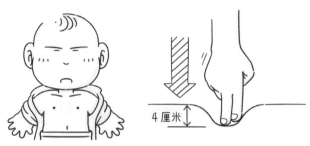

每按压胸部 30 次，做 2 次人工呼吸。人工呼吸的做法是：吸一口气，用一只手捏住孩子的鼻子，另一只手抬起孩子的下巴，将嘴放到孩子嘴巴上，完全密闭。缓慢地将气吹进孩子的嘴里，每次持续 1 秒，同时观察胸部，确保有隆起。

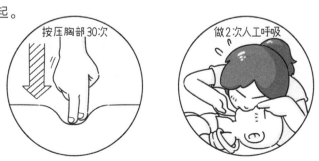

1 岁以上的幼儿：

拍打孩子肩部，确认是否有意识。若无意识则呼叫他人帮助。

让孩子仰面躺在固定的表面，比如地板上，保持头与心脏齐平，然后解开衣物，检查是否有呼吸和脉搏。如果无呼吸，未摸到脉搏，即开始进行心肺复苏。

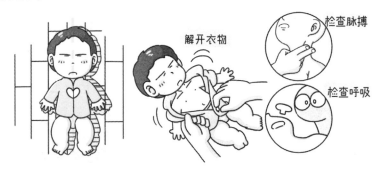

将一只手的手掌根部放在孩子胸部中央（胸骨的下半部分，即胸骨中下 1/3 的交界处），快速用力下压约 5 厘米，确保每次胸部都能恢复到初始位置，手不要从胸骨上拿开，接着再按压。注意，手掌根部不要接触肋骨，只接触下半部分胸骨。按压速度应达到 100~120 次 / 分钟。

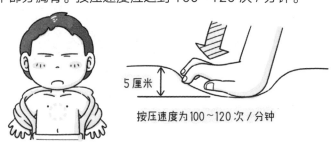

每按压 30 次，做 2 次人工呼吸。人工呼吸的具体方法见第 191 页。

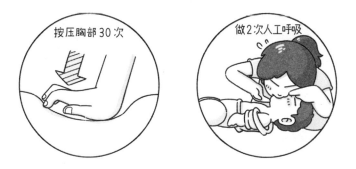

按压胸部 2 分钟后，应观察孩子是否有反应或恢复呼吸、脉搏。如果仍没有，继续进行人工呼吸和胸部按压。

不管是 1 岁以下的孩子还是 1 岁以上的孩子，进行心肺复苏时都要注意：每隔 2 分钟检查一下孩子的呼吸和脉搏，如果有反应，立刻停止胸部按压；在急救医生到来或孩子恢复自主呼吸之前，不要停止心肺复苏。

被异物梗住呼吸道，该怎么急救？

知识点

· 异物梗住呼吸道，如无法自主咳嗽，应立即进行急救。
· 针对不同年龄段的孩子，急救方法有所不同。

小孩子容易将小玻璃球、硬币、扣子等异物吸入呼吸道内，进而呼吸困难，甚至窒息。

异物吸入呼吸道后，通常会有咳嗽、呼吸困难等症状。此时应鼓励孩子咳嗽，将异物咳出。如果异物较大，可能无法自主咳出，应立即进行急救。

针对 1 岁以下还不会站的孩子：

家长采用坐位，将孩子放在腿上，使其脸向下，趴在家长前臂上，略低于胸部。

脸朝下，趴在家长前臂上

用手掌根部在孩子肩胛骨之间用力拍打最多 5 次，尝试清除异物。

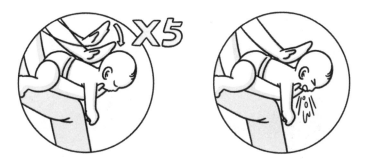

5 次拍背后，用一只手托住孩子的脸和下颌，另一只手托住枕部，将他翻转过来，保持头部低于躯干。然后食指和中指并拢，在胸部中央的胸骨下半部给予 5 次快速冲击，速度为每秒 1 次。

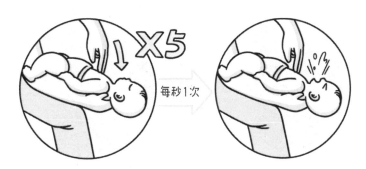

重复最多 5 次拍背和最多 5 次胸部快速冲击，直到异物清除或孩子没有反应。如果孩子没有反应，应停止拍背，开始做心肺复苏。

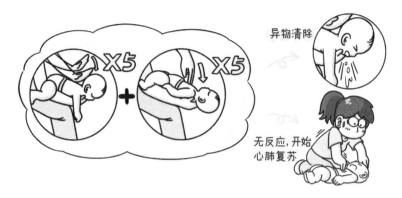

针对 1 岁以上的幼儿，使用海姆立克急救法：

家长跪在孩子身后，双手从其腋下环抱。右手拇指弯曲，其余四指握住拇指成拳，拇指掌关节顶在孩子剑突下；左手包裹右拳，快速向内上方收紧双臂，产生瞬时冲击力。

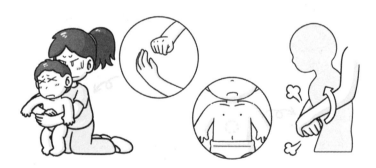

一次操作后，若异物没有冲出，家长要立即放松手臂，并重复以上动作，直到异物排出。

希望每个家长
都能了解疾病护理知识,
我愿与您一起
守护宝宝健康成长!

唐玉涛